韧性视角下农村供水系统抗震能力研究

/

RESEARCH ON SEISMIC RESISTANCE OF
RURAL WATER SUPPLY SYSTEM

周文美　詹雯婷　陈　传　郑洪燕　著

重庆大学出版社

内容提要

《"十四五"国家综合防灾减灾规划》明确将"推进提升通信、交通、供水供电等生命线工程防震抗震能力"作为自然灾害防治体系现代化建设的主要任务之一。农村供水系统的地震韧性是乡村振兴水利保障的基石,也是农村、农业、农民的生命线。然而,地震灾害频发对农村供水基础设施带来严峻的挑战。本研究以农村供水系统地震韧性为研究对象,旨在通过识别其影响因素,探究其影响机制,进而构建多阶段农村供水系统地震韧性动态评价模型。鉴于四川地震频率高、强度大、分布广、危害重等特征,本研究广泛调研 2008 年以来省内突发的地震灾害对农村供水系统的影响,并以 2019 年宜宾长宁 6.0 级地震为背景,对震区灾后重建的农村供水系统地震韧性进行实证研究。研究结果有助于为地方决策者动态评价农村供水系统的抗震能力提供理论依据和支撑,助力建立高效科学的农村基础设施防灾体系,巩固乡村振兴建设成果。

图书在版编目(CIP)数据

韧性视角下农村供水系统抗震能力研究 / 周文美等
著. -- 重庆: 重庆大学出版社, 2025. 1. -- ISBN 978-
7-5689-4608-7

Ⅰ. TU991.2

中国国家版本馆 CIP 数据核字第 2024TD6106 号

韧性视角下农村供水系统抗震能力研究

RENXING SHIJIAO XIA NONGCUN GONGSHUI XITONG KANGZHEN NENGLI YANJIU

周文美 詹雯婷 陈 传 郑洪燕 著

策划编辑:秦旖旎

责任编辑:姜 凤   版式设计:秦旖旎
责任校对:邹 忌   责任印制:张 策

*

重庆大学出版社出版发行

出版人:陈晓阳

社址:重庆市沙坪坝区大学城西路 21 号

邮编:401331

电话:(023)88617190 88617185(中小学)

传真:(023)88617186 88617166

网址:http://www.cqup.com.cn

邮箱:fxk@cqup.com.cn(营销中心)

全国新华书店经销

重庆升光电力印务有限公司印刷

*

开本:720mm×1020mm 1/16 印张:17 字数:240 千
2025 年 1 月第 1 版 2025 年 1 月第 1 次印刷
ISBN 978-7-5689-4608-7 定价:98.00 元

序 言

21世纪初,韧性城市这一概念首次在联合国可持续发展全球峰会上被提出,随后,国家韧性、社区韧性、基础设施韧性等视角的研究逐渐兴起并发展至今。随着地震发生的频率和产生的影响持续增加,供水系统作为关键基础设施在地震灾害中遭受破坏,不仅带来巨大的直接经济损失,还可能因为系统供水服务中断引发火灾、霍乱等次生灾害,继而造成巨大的人员伤亡和财产损失,由此引发了研究者们对供水系统地震韧性的广泛关注。

水是生命之源,获得安全、卫生、清洁的饮用水是人类生存和发展的基本需求,在任何灾难情况下负责供水的组织都必须保证供水服务不中断。作为城市关键生命线,研究者们对城市供水系统在地震灾害管理周期的备灾、应急响应以及灾后恢复等阶段地震韧性进行聚焦,通过数学建模、对真实的地震灾害数据进行分析、建立指标体系等方法,从供水系统的技术、经济、组织等不同维度对地震韧性进行了广泛的研究,并取得了丰硕的研究成果。但遗憾的是,很少有评价体系能够全面地从灾害管理全周期对供水系统的地震韧性进行评价,且既有研究主要集中在城市地区,较少关注农村供水基础设施的地震韧性研究。

农村供水安全关系到农村的稳定发展以及农村居民的身体健康,是农村工作中非常重要的任务。在全面推进乡村振兴工作进程中,保障农村居民饮水安全是建设新农村及小康社会的重要环节。近年来,随着乡村振兴等政策的提出,国家投入大量资金进行农村安全饮水工程建设,"十二五"以及"十三五"规划的实施,修建了大量的农村供水基础设施,基本解决了农村居民设施型缺水问题。然而,我国是地震灾害大国,我国的地震主要发生在农村地区,当前的迫切任务是考虑农村供水基础设施在应对地震等自然灾害时的安全运营问题,以确保针对农村居民长期安全有效供水,巩固多年来农村饮水安全工程的建设成果。因此,本研究对国内外相关研究成果进行梳理和总结,对中国农村供水系统地震韧性展开相关研究。

本研究从中国农村供水系统运营管理者视角出发,通过文献回顾、半结构化专家访谈和问卷调研识别出一套与中国农村供水系统特点相匹配的地震韧性影响因素,分析得出不同地区农村供水系统利益相关者在各个影响因素的重要性认知上存在的关联性和差异性;并对地震灾害的发生对利益相关者认知影响因素重要性带来的差异进行重点分析。基于因子分析以及基础设施韧性研究的相关结论构建起农村供水系统地震韧性概念框架,运用偏最小二乘法结构方程模型论证了韧性影响因素与韧性目标的关系,进而构建了能够反映韧性因果关系路径的农村供水系统地震韧性影响机制。在此基础上,根据灾害管理周期各阶段评价供水系统地震韧性状态对要素信息的需求量及获取难度大小,将农村供水系统地震韧性评价分为备灾、应急响应和灾后恢复3个阶段。针对农村供水系统地震韧性评价指标中指标间存在大量的定性因素且各评价之间可能存在相互联系,运用基于博弈论的ANP法和熵权法进行主客观组合赋权来解决这个问题。针对灾害管理周期中存在的因素信息不完全等不确定问题,将证据推理理论方法引入评价模型,构建起基于证据推理理论的不完全信息条件下的多阶段地震韧性状态评价模型。最后,通过案例分析对模型的适用性进行验证。本研究的开展情况及研究成果如下:

(1)识别农村供水系统地震韧性影响因素。针对农村供水系统既具有一般供水系统的特征,又因经济、环境等方面的影响与城市供水系统存在差异的特点,本研究通过文献回顾结合半结构化专家访谈,识别出41个农村供水系统地震韧性影响因素。基于41个地震韧性影响因素设计了本研究的调查问卷以获取农村供水系统利益相关者的广泛意见。本研究以四川省地震多发地带千人以上农村供水系统主要利益相关者为调研对象,一共发放了300份调研问卷,发放周期半年,回收来自123个农村供水系统利益相关者完成的有效问卷。随后通过统计分析,得出41个因素对农村供水系统均很重要的结论。此外,鉴于基础设施系统韧性及其驱动因素存在空间差异,本研究基于问卷数据进一步分析不同地区供水系统利益相关者在关键因素排序、单因素重要性以及因素重要性总体排序上存在的关联性和差异性。根据帕累托原则确定出不同区域受访者认知的8个关键因素,分析得出具有不同地震灾害经历的利益相关者在关键因素的排序上存在明显差异。具体而言,在单因素的重要性认知方面,经历过地震灾害的农村供水系统利益相关者在绝大多数因素及因素总体均值上均高于没有经历过地震灾害的农村供水系统利益相关者,说明地震灾害的发生使利益相关者更关注供水系统的地震能力影响因素,这和问卷的回收情况一致(位于地震灾区的利益相关者更配合问卷调研,在回收的123份有效问卷中,曾经历过地震灾害的利益相关者问卷有94份,没有经历过地震灾害的农村供水利益相关者有效问卷有29份)。在因素重要性的总体排序上,两类受访者在因素重要性认知上既存在整体上的一致性也存在局部的差异性,经历过地震灾害的利益相关者更关注地震恢复建设的相关影响因素,而没有经历过地震灾害的受访者则更关注备灾阶段安全运营的影响因素。

　　(2)构建灾害管理全周期农村供水系统地震韧性影响机制。在识别出农村供水系统地震韧性影响因素的基础上,为揭示农村供水系统地震韧性的潜在影响机理,本研究构建出反映灾害管理各阶段供水系统地震韧性多维度因素组之间相互关系的韧性评价框架。本研究首先通过文献回顾确定农村供水系统地震韧性备灾、应急响应以及灾后恢复3个阶段的韧性目标,并结合灾害管理周期理论构建出包含多因素和多目标的地震韧性影响概念框架。为确定概念框架中韧性影响因素与各阶段地震韧性目标之间的关联关系,本研究在因子分析的基础上,结合既有文献的相关研究,将影响因素分为7个因素组,并在此基础上,构建了各影响因素和因素组之间的假设关系,再通过偏最小二乘法对因素组之间的假设关系进行验证,经检验得出13条假设关系中有11条关系是成立的。根据已验证的因素组之间的直接和间接关系,最终构建起反映灾害管理周期下各韧性因素以及韧性因素组之间因果关系的韧性影响机制。

（3）建立不完全信息下多阶段农村供水系统地震韧性动态评价模型。基于灾害管理周期下的农村供水系统地震韧性影响机制，本研究提出了多阶段农村供水系统地震韧性评价框架，并构建了相应的评价指标体系。农村供水系统地震韧性评价体系中存在大量的评价指标，且这些指标之间存在联系，通过对集中主要的指标赋权方式的比选，本研究首先选择了ANP法对指标进行主观赋权，同时考虑到专家个人偏好带来的不确定性，进一步选择熵权法计算客观赋权进行修正，通过基于博弈论的ANP法和熵权法组合赋权方式为每个评价指标选择最优的权重。此外，在处理指标属性值时，针对灾害场景下可能存在的指标不完全信息以及定性和定量指标并存的情况，首先对定性、定量指标及不完全信息指标属性值标准化后，运用证据推理方法与群决策方法，确定出评价模型中各个因素的属性值，然后采用证据推理方法将已确定的相关因素属性值及各个层级指标权重进行自下而上的融合，逐步计算得出各韧性维度以及各阶段韧性状态的属性值。最后，基于效用理论将以信任结构表达的结果转化为以具体数值表示的结果，同时明确对应的韧性状态评价标准，从而使农村供水系统地震韧性的评价结果更直观。

（4）以"6·17"长宁地震珙县灾区的农村供水系统为例，进行评价模型的实证研究。为验证构建的农村供水系统地震韧性评价模型评价农村供水系统地震韧性状态的可行性和实用性，本研究运用案例分析法对该评价模型的性能指标进行全面系统的论证。本研究选取珙县灾后重建村级饮水工程、孝儿镇"十二五"工程建设的集中供水工程以及珙泉镇村镇集中供水工程3个"6·17"长宁地震灾区涉及的农村供水系统进行实证分析。详细阐述了评价模型在案例中的具体应用过程，提出该评价模型能有效处理评价中存在的定性指标评估、指标权重评估主观性以及不完全信息因素评估造成的评价不确定性问题，并能根据评价指标的属性值给出3个农村供水系统当前的地震韧性值，从而验证了该决策模型是可行的。同时，通过将3个农村供水系统的地震韧性值与阈值比较和横向比较,分析和讨论当前系统各自的韧性状态优劣以及潜在的韧性改善措施,从而验证了该模型具有较高的实用性。

本研究从中国农村供水系统运营管理者角度出发,探索了农村供水系统地震韧性的主要影响因素及相互之间的动态关系,构建了灾害管理周期下的农村供水系统地震韧性影响机制,建立了不完全信息下多阶段农村供水系统地震韧性动态评价模型并通过"6·17"长宁地震灾区的3个农村供水系统进行了实证分析。对现有的基础设施韧性评价的知识体系做出了贡献。同时,该研究也有利于农村供水系统利益相关者更好地了解农村供水系统当前的地震韧性状态,有助于其在地震灾害管理各阶段选择合适的韧性建设措施,以降低地震等自然灾害对农村供水带来的潜在威胁,提高农村供水系统的应急管理能力,确保农村供水系统安全长效的运营,巩固农村饮水安全工程的建设成果。

本研究由成都工业职业技术学院周文美博士和四川大学詹雯婷博士、陈传教授、郑洪燕老师在国家面上基金(基金号:71971147),中国博士后科学基金(基金号:2022M722242)以及四川省社会科学重点研究基地系统科学与企业发展研究中心基金(基金号:Xq23C04)资助下共同完成。研究报告共40万字,其中周文美博士撰写20万字,詹雯婷博士撰写10万字,陈传教授和郑洪燕老师分别撰写5万字。

编 者
2024年6月

目　录

1 绪论

1.1 研究背景与研究意义

1.1.1 研究背景

安全可靠的饮用水是人类健康生活的重要因素，获得清洁卫生的饮用水是一项基本的人权[1]。受益于联合国千年发展目标（Millennium Development Goals，MDGs）、可持续发展目标（Sustainable Development Goals，SDGs）等国际政策的实施，全球发展中国家的供水服务得到显著改善[2]，尤其是农村地区，获得清洁饮用水的机会几乎翻了一番，而在城市地区，获得清洁饮用水的机会几乎保持不变[3]。在中国，农村供水问题是国家关注的核心问题，国家连续多年投入大量资金兴建农村饮水工程（见图1.1），特别是从2016—2019年的短短四年时间里，中央政府一共投入了265亿元对农村供水进行改善，带动各地方完成相应的工程建设投资1 760亿元[4]，农村人口获得清洁饮用水的比例从68.7%上升到86%[5,6]，而在城市地区，获得清洁饮用水的比例稳定在98%左右[5,6]。

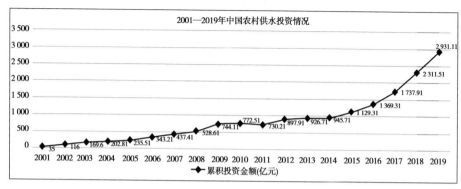

图1.1　中国农村供水系统投资趋势图

（数据来源：2001—2019年全国水利发展统计公报）

　　然而,我国农村地区供水基础设施的存在并不意味着当地的农村居民总是能够长期地获得可持续和可靠的清洁饮用水[7,8]。随着全球气候变化,地震灾害在世界范围内越来越活跃,破坏了基础设施的可用性[9,10]。供水基础设施作为生命线,为救灾工作提供了至关重要的服务[11],供水服务的中断将造成严重的直接后果,还可能引发各种次生灾害(如火灾、霍乱等)。从中国农村供水系统的发展现状、面临的潜在威胁以及现有的灾害预警监测体系来看,构建一套农村供水系统地震韧性评价体系迫在眉睫。

1)中国农村供水系统发展现状

　　作为传统的农业大国,我国一直高度重视"三农"问题,将解决农村居民饮水问题作为实现社会主义现代化的头等大事。从2004年到2022年,我国连续19年将农村供水作为保障居民基本生存权的重大民生工程写入中央一号文件(见表1.1),并作为水利工作的重中之重,分阶段逐步加大投入资金和工作力度解决农村饮水问题[12]。中华人民共和国成立以来,根据我国社会经济水平发展情况以及人民群众对饮水需求的变迁来看,我国农村供水工程的发展历程大致可以分为解决"工程性缺水"、解决"水质性缺水",以及解决农村供水工程长效安全运营问题三个阶段[13]。

　　第一阶段,重点解决"工程性缺水"问题。中华人民共和国成立初期是我国农村供水的起步时期。这个阶段我国社会经济发展处于起步阶段，农村供水基础设施比较匮乏，农村居民的饮水需求为简单的"喝上水"。这个阶段主要以单一维度建设农村供水工程的方式解决农村居民"工程性缺水"问题，农村供水工程建设主要以饮水解困、扩大农村供水率为发展目标。到2004年年底，农村自来水普及率达到60%，大部分地区的"工程性缺水"问题基本得到解决。

第二阶段，继续解决"工程性缺水"问题，同时兼顾解决"水质性缺水"问题。从2004年到2015年，经过多年建设，农村"工程性缺水"不再普遍存在。这个时期，中国社会经济发展水平达到一定程度，农村居民的饮水需求从"喝上水"转向"喝上放心水"阶段。2004年年底，为了有效地推动解决农村饮水的水质问题，卫生部和水利部联合印发了《农村饮用水安全卫生评价指标体系》（以下简称《体系》）作为农村饮用水水质评价标准。此外，国家发展和改革委员会编制实施了《2005—2006年农村饮水安全应急工程规划》（以下简称《规划》）。《规划》特别强调了对水源的保护和对水质的处理，在解决农村居民饮水困难的同时，对农村饮水水质检测提出了要求。《体系》和《规划》的实施标志着我国农村供水工程建设开始转变发展模式，从单一维度的建设农村供水工程转变为供水工程建设与水质检测共同发展的模式。2005年的中央一号文件将农村供水工程的发展目标由饮水解困修订为饮水安全。除了加强水质检测，我国还大规模地开展水源保护、农村环境治理以及兴建农村供水水源等多类农村饮水工程，力图通过系统的工程手段从源头上解决"水质性缺水"问题。为了进一步强调"水质安全"，2007年国家标准委和卫生部联合发布了《生活饮用水卫生标准》，对1985年发布的《生活饮用水标准》进行修订，水质检测指标数量由原来的35项增加到106项，大大提高了饮用水标准。在此阶段，国家先后编制实施了《全国农村饮水安全工程"十二五"规划》和《全国农村饮水安全工程"十三五"规划》。到2015年年底，我国已全面解决了涉水病区、少数民族地区、水库移民安置区等区域的水质安全性问题，将无法持续获得安全饮用水的人口比例降低了一半，提前6年完成了MDGs中的饮用水安全目标[12]。据统计，从1978年到2019

年,我国新建农村饮水工程约1 100万处,10亿农村居民的饮水问题已得到解决[14]。到2019年年底,我国农村集中供水率达到87%,同时自来水普及率达到82%,如图1.2所示,标志着我国农村饮水工程的大规模基础建设工程已经基本完成。

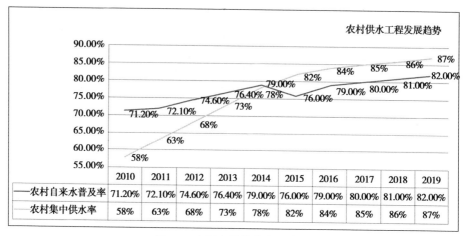

图1.2　中国农村供水发展趋势

(数据来源:2010—2014年我国农村自来水普及率数据来自全国卫生统计年鉴;2015—2019年农村自来水普及率数据来自全国水利统计公报;2010—2019年农村集中供水率数据来自全国水利统计公报)

第三阶段,解决农村供水工程长效安全运营问题阶段。经过近40年的发展建设,我国农村地区的"工程性缺水"和"水质性缺水"问题基本得到解决,但是这些农村供水基础设施的运营现状堪忧,农村供水工程的运营持续性得不到保障。李洪兴的研究表明,农村集中供水工程形式多样,新老设施并存,新老管网交叉以及大量的运营管理问题,导致农村供水工程的抗风险能力相当薄弱,而应急能力又明显不足[15]。此外,根据2019年水利部对全国农村饮水工程的核查,近一半的农村供水工程处于不可持续状态[14]。如何保障农村供水工程长效安全的运营,巩固农村饮水安全工程的建设成果是现阶段关注的核心问题。2016年中央一号文件对农村供水工程的发展建议从"饮水安全工程"转变到"饮水安全巩固提升工程",2021年中央一号文件提出实施农村供水保障工程,可见,近些年农村供水工作的重心已经从饮水工程的建设转移到强调农村供水的运营管理,以确保农村饮水工程能长效安全运营。经梳理,2004—2022年中央一号文件关于农村供水基础设施建设要点,见表1.1。

表1.1　2004—2022年中央一号文件关于农村供水基础设施建设要点

年份	文件要求	与农村供水基础设施相关的具体建议
2004	加快农业和农村基础设施建设	1.扩大人畜饮水的投资规模以及建设范围; 2.提出以农村基础设施运管机制的建立和完善来巩固建设成果
2005	加大农村小型基础设施建设力度	1.继续扩大农村饮水工程(人畜饮水)的投资建设规模和建设范围; 2.高度重视解决农村地区水质安全问题
2006	加快乡村基础设施建设	1.巩固现有农村饮水工程(人畜饮水解困)的建设成果; 2.重点解决农村饮水水质安全问题(高氟、高砷、苦咸、血吸虫病病区以及污染水); 3.首次提出发展集中式供水概念,开始实施饮用水和其他生活用水分质供水
2007	加大乡村基建力度	1.着重解决农村学校、人口较少民族、水库移民以及血吸虫病区的水质问题; 2.完成"十一五"农村饮水安全工程规划:解决1.6亿农村人口的饮水安全问题; 3.鼓励有条件的地区加快解决农村饮水问题,争取2015年基本实现农村居民安全饮水目标
2008	强调病险水库除险加固	1.大中型和重点小型病险水库:大幅度加大资金投入,健全责任制; 2.增加对重点地区中小河流治理的规划建设投入,中央对中西部地区的治理工作给予补助; 3.强调西南地区中小型水源工程建设; 4.扩大山洪防治试点以及加强地质灾害的防治工作
2009	加快农村基础设施建设	1.继续加大农村饮水工程的投资和建设力度; 2.扩大农村饮水工程建设范围,增加农村学校、国有农(林)场

续表

年份	文件要求	与农村供水基础设施相关的具体建议
2010	加强农村水电路气房建设	1.增加农村饮水安全工程建设资金的投入; 2.加强农村饮水工程的水源保护、水质监测以及工程运行管理工作,确保规划任务的如期完成; 3.提出城乡区域供水概念,鼓励有条件的地区先行推广
2011	抓紧解决工程性缺水问题	1.推进工程性缺水地区(例如西南地区)重点水源工程的建设; 2.支持农民新建小微型水利设施并提高雨洪资源的利用率,提高农村供水保障能力
	继续推进农村饮水安全建设	1.确保2013年规划内的农村饮水安全问题得到解决; 2.确保新增的农村饮水不安全人口的饮水问题在"十二五"期间得到基本解决; 3.提高农村自来水普及率; 4.继续推动城乡供水一体化的发展; 5.落实农村饮水安全工程的责任主体,完善农村供水工程的运维管理制度; 6.对农村饮水工程水源实施保护并进行水质监测; 7.确保农村饮水工程建设的土地供应,在农村饮水工程建设、运营期间给予税收优惠,农村饮水工程运营电费执行居民生活或农业排灌用电价格
2012	坚持不懈加强农田水利建设	1.加快推进农村饮用水工程的水源工程建设; 2.对存在安全隐患的江、河、湖以及病险水库水闸等进行除险加固; 3.强调农村饮水工程的灾害防治工作(如山洪、地质等灾害的防治)
2013	加强农村基础设施建设	1.加大公共财政对农村饮水工程在内的农村基础设施建设覆盖力度; 2.逐步建立农村饮水工程的投入保障和运行管护机制; 3."十二五"期间基本解决农村饮水安全问题

续表

年份	文件要求	与农村供水基础设施相关的具体建议
2014	完善农田水利建设管护机制	1.加强水源工程建设和雨洪水资源化利用； 2.提高农村饮水等基础设施的抗灾能力； 3.加大投入力度,规范建设标准,探索监管维护机制
2015	加大农村基础设施建设力度	1.强调如期完成"十二五"规划农村饮水安全工程任务； 2.强调提高农村饮水水质和效率； 3.继续对农村饮水工程执行税收优惠政策； 4.继续推进城乡供水一体化工作
	鼓励社会资本投资农村建设	通过多种方式引导社会资本参与政府主导和财政支持的农村饮水工程等公益性项目的建设和运维
2016	加快农村基础设施建设	1.缩小城乡差距,国家基础设施财政资金重点用于农村基础设施的建设运营； 2.健全农村基础设施长效运营机制,促进城乡基础设施交流； 3.开展农村饮用水安全巩固提升工程,保护农村饮用水水源； 4.开展农村(饮水工程)防灾减灾体系建设； 5.研究创新农村基础设施(包括饮水工程等)的投融资机制
2017	深入开展农村人居环境治理和美丽宜居乡村建设	1.实施农村饮水安全巩固提升工程； 2.对影响农村饮水安全的隐患展开排查治理工作
2018	推动农村基础设施提档升级	1.加快农村供水基础设施建设,推进城乡供水基础设施的联通； 2.推进节水供水重大水利工程； 3.实施农村饮水安全巩固提升工程； 4.引导农村防灾减灾能力建设
2019	实施村庄基础设施建设工程	1.强调对农村饮水安全工程的巩固提升； 2.强调对农村饮用水水源地的保护； 3.推进农村"吃水难"和饮水不安全问题的解决。

续表

年份	文件要求	与农村供水基础设施相关的具体建议
2020	提高农村供水保障水平	1.推动农村饮水安全巩固提升工程任务的全面完成; 2.在人口相对集中的农村地区推进规模化供水工程的建设; 3.推进城乡供水一体化工程,逐步开展实施城市管网向农村地区延伸,消除城乡供水差距; 4.加强西部地区、原中央苏区等地区的农村饮水安全工程建设,中央财政对这些地区的饮水工程运维进行补助; 5.对农村饮用水水源实施保护,进一步加强水质监测工作
2021	加强乡村公共基础设施建设	1.加强对稳定水源工程(中小型水库等)的建设和保护,保障农村供水; 2.对小型工程进行标准化改造并实施规模化供水工程建设; 3.继续对有条件的地区推进城乡供水一体化; 4."十四五"规划饮水工程目标是到2025年农村自来水普及率达到88%; 5.完善农村水价水费形成机制和工程长效运营机制
2022	有效防范应对农村农业重大灾害	1.修复被灾害损毁的农村水利基础设施,加强农村供水的建设运营维护(如沟渠疏浚,水库、泵站的建设和管护); 2.加强建设农村自然灾害监测预警体系,增强应对极端天气的抗灾能力
	扎实开展重点领域农村基础设施建设	1.推进农村供水工程建设改造; 2.配套完善净化消毒设施设备

2)中国农村供水系统面临严峻的地震灾害威胁

与城市供水系统相比,农村供水系统所处环境更加复杂多变,面临更为严峻的自然灾害挑战。从地理位置来看,中国处于全球最大的两大地震带之间:环太平洋地震带和欧亚地震带,地震区域广、强度大、发震频率高,是世界上遭受地震灾害最严重的国家之一。根据中国地震台网统计数据,2014年1月到2019年8月,全球总共发生了5 239次地震,其中有3 768次发生在中国[16],即平均每天都有地震在中国发生,而这些地震又主要发生在中国农村地区,可见中国农村地区面临十分严峻的防震减灾问题[17]。中国地震历史资料显示,中国大陆地区的地震灾害绝大部分都发生在农村地区,农村地区的地震灾害次数远多于城市地区[18],见表1.2。农村地区发生的地震灾害不仅次数多,而且破坏力巨大。我国大陆地震烈度大于8级的破坏性强震基本都发生在农村地区,仅有1976年的唐山大地震发生在城市,中国农村地区遭受地震灾害影响最严重,危险远远大于城市地区[18]。

表1.2　公元前2300年—公元2000年中国各地5级及以上地震统计[18]

发生地震频率/次	1	2~3	4~9	≥10	发生地震总次数/次
直辖市区(4个)	2	0	1	0	10
地级市区(259个)	38	23	8	0	133
县级市(400个)	53	27	14	5	283
县(镇)(1 674个)	259	159	87	33	1 622
总计(2 337个)	352	209	110	38	2 048

近年来,发生在农村地区的几次大地震给农村供水基础设施造成了巨大的破坏,严重影响了当地农村居民的饮水服务。例如,2010年青海玉树"4·14"玉树地震造成结古镇供水工程完全震毁,乡村饮水安全工程总共被震损1 123处,共计造成超过8.28万名村镇居民震后饮水困难[19],2013年"4·20"雅安地震后,雅安市共有1 727处供水工程损毁,造成85万名农村居民饮水困难[20]。其中,影响最大的是2008年发生在四川省的"5·12"汶川地震,震后损毁乡村供水设施49 949处,供水管道36 521 km,造成955.5万名农村居民饮水困难[21]。此外,供水基础设施服务的中断除了直接影响农村居民的生活,还容易引发次生灾害并造成更大的间接损失。例如,1995年日本兵库县南部发生7.3级地震,由于震后缺水导致火灾引起大量人员伤亡[22];2010年海地发生7级地震,由于震后缺水以及水污染导致霍乱在海地流行[23]。考虑到中国农村地区地震发生的频率和影响,近些年来大量新建并投入运营的中国农村供水系统面临着地震灾害带来的巨大挑战。

3)中国农村供水系统亟须建立灾害预警体系

2022年中央一号文件从两个方面重点强调了农村供水基础设施的建设,见表1.1:一方面通过配套完善净化消毒设施设备等方式推进农村供水工程的改造升级,强调农村供水基础设施的建设、完善;另一方面强调通过建设农村自然灾害监测预警体系来增强农村农业应对重大自然灾害的能力。"到2030年,实现所有人普遍公平地获得安全和负担得起的饮用水"是2015年联合国发布的17项可持续发展目标的重要内容之一[24]。基于这个目标,无论是发达国家还是发展中国家,增强供水系统应对灾害的韧性[25]对于维持供水服务的社会和环境效益至关重要[26, 27]。

在国家的高度重视下,农村供水基础设施的规模化建设工程已经基本完成,水质问题经多年的饮水安全建设也得到逐步解决,当前农村安全饮水工程建设的重点是建立健全农村供水工程的运营管理机制,确保农村供水工程能安全长效地为当地农村居民提供可靠的饮用水服务。然而,农村地区频发的地震等自然灾害给大量的农村供水基础设施带来了严峻的挑战。过去的相关研究表明,中国农村地区地震防灾减灾能力的增强需要政府及管理部门的积极参与[28]。地震灾害是破坏性最大的自然灾害,相对于洪水和旱灾等其他自然灾害而言,地震灾害的爆发频次较低,很多供水系统整个生命周期都不会遇到一次破坏性地震,但同时地震灾害又具有瞬时爆发性和不可预测性等特性,一旦破坏性地震发生,就会对基础设施造成巨大的破坏。在灾害中提供足够的供水服务是至关重要的[29]。因此,要求决策者能够及时掌握供水系统当前应对地震灾害的能力,确保在地震灾前灾后都能提供可接受的供水服务。

然而,在现有的众多供水系统地震韧性评价模型和评价指标中,哪些指标可以测度及评价农村供水系统的地震韧性,哪些模型可以合理地反映农村供水系统全地震灾害管理周期不同阶段的韧性影响机制,作为农村供水系统地震韧性建设实践实施及改进的先决条件,科学评价农村供水基础设施当前韧性状态是必要的步骤,是决策者采取进一步干预措施的科学依据,为提升农村供水系统抵抗地震灾害的能力提供改进方向。因此,需要构建农村供水系统地震韧性评价体系,以便精准地识别农村供水基础设施灾前灾后应对地震灾害的缺陷所在,对农村供水系统抗震能力实施有效监测并在各阶段及时提出干预措施,巩固农村供水基础设施的建设成果,为农村供水系统长效安全地运营提供有力的支撑,为乡村振兴政策的全面推进作出贡献。

1.1.2　研究意义

作为农村居民赖以生存和发展的关键基础设施,农村供水系统能否健康长效地运营切实关系到农村居民的民生大计。本研究旨在通过分析农村供水系统地震韧性的影响因素、探索灾害管理周期下潜在的农村供水系统韧性影响机制,并在此基础上建立不完全信息下多阶段农村供水系统地震韧性动态评价模型,辅助地方决策者及时掌握农村供水系统应对地震灾害的抗灾能力,完善农村灾害预警监测体系,促进农村地区供水系统安全长效地运营,从而降低潜在的地震灾害对中国农村地区发展建设的消极影响,具有重要的理论和实践意义。

1)理论意义

(1)提供了基础设施灾害韧性研究来自中国农村地区的证据材料。以往的研究发现韧性存在空间差异,城市和农村地区的韧性及韧性影响因素都存在差异。但是绝大部分研究都以城市基础设施系统地震韧性为核心,鲜有研究关注到农村基础设施。本研究以四川省为例,系统地调查并分析了农村供水系统地震韧性影响因素,讨论了不同农村地区供水系统利益相关方识别影响因素重要性的认知差异,重点比较了具有不同抗震救灾经历的受访者认知因素重要性的差异,以此验证地震灾害发生对利益相关方的影响,为基础设施灾害韧性研究提供了来自中国农村地区的证据材料。

(2)建立了灾害管理周期下供水系统地震韧性各影响因素与各阶段韧性状态的动态联系。基础设施系统的灾害韧性不仅与技术韧性有关,还受到组织、经济、环境和社会等维度的影响。这些维度因素之间也不是完全独立的,最近的韧性研究工作强调了影响因素之间动态关系的重要性[30, 31]。然而以往的研究大多从主观上界定因素之间的相关性,或零散地验证部分特定因素之间存在的相关性。本研究以四川省为例,对农村供水系统地震韧性影响因素进行了系统性研究,通过多种定量与定性相结合的三角测量法,多角度、多方法地研究了韧性影响因素之间的动态联系并建立了灾害管理周期下农村供水系统地震韧性的影响机制,为基础设施灾害韧性各维度之间的复杂关联性提供了来自中国农村的实证依据。

2)实践意义

(1)完善了农村基础设施灾害监测预警体系。对于地震多发地带的农村地区来说,提高基础设施地震韧性是地方决策者进行防灾减灾决策需要优先考虑的事项。本研究根据当前农村供水系统的发展现状、面临的地震威胁以及建设防灾减灾体系的需求背景,构建不完全信息下多阶段中国农村供水系统地震韧性动态评价体系,为地方决策者在备灾、应急响应以及灾后恢复阶段评价农村供水系统的抗震能力并采取相应的改善措施提供了理论依据,完善了农村灾害预警体系。

(2)为各级政府对农村供水系统的建设运营管理提供了决策依据。供水系统是农村生存和发展的关键性基础设施,科学评价灾害管理周期下各阶段农村供水基础设施的地震韧性状态,对于精准识别现有问题,寻找优化途径,制订科学有效的管理计划以确保农村供水基础设施安全长效地运营至关重要。对农村供水系统地震韧性状态进行动态评价,将保证设施的可持续性、可维护性以及有限资源情况下的建设优先次序,从而有效地减小地震对农村地区的消极影响。此外,本研究的研究思路可以推广到其他农村基础设施的研究(如交通、电力等),对于居住在农村的广大居民来说具有重要的现实意义。

1.2 研究问题和研究目标

1.2.1 提出研究问题

农村供水系统在地震灾害发生前后提供可接受的供水服务是农村供水系统应急能力的重要表现,对农村供水系统地震韧性状态进行动态评价并及时采取有效的韧性建设措施能有效地减小地震灾害给农村地区带来的消极影响,巩固乡村振兴的建设成果,助力社会主义新农村建设。农村供水系统的地震韧性状态可以作为决策者制定农村供水系统防震减灾措施的重要标准。然而,从国内外学者的相关研究成果来看,要实现对农村供水系统地震韧性的动态监测,目前还存在以下问题:

(1)缺乏对农村供水系统地震韧性影响因素的深入认知。国内外学者们从技术、环境、社会、经济和组织等方面对城市供水系统地震韧性进行了大量的定性或定量研究,但是鲜有研究者针对农村供水系统地震韧性进行研究。Cutter等人对美国东部县的一份研究表明:抗灾能力存在空间差异,尤其是在城乡分水岭地区,城市地区的抗灾能力高于农村地区,并且农村和城市地区的地震韧性驱动因素也存在较大差异[32]。Laitinen等人通过研究芬兰的供水系统服务韧性,指出城市供水系统服务和农村供水系统服务存在差距[33]。中国城乡社会经济发展呈现二元化情况,农村供水系统与城市供水系统在自然环境、经济、社会等方面存在较大差异。此外,中国农村地域辽阔,农村供水系统所处的环境也复杂多变,不能直接套用评价城市供水系统地震韧性的因素评价农村供水系统。因此,在评价农村供水系统地震韧性之前,首先要明确影响农村供水系统地震韧性的因素,以及位于不同地区的农村供水系统地震韧性因素重要性的差异性。

（2）农村供水系统地震韧性影响机制尚不明确。供水系统的地震韧性不仅取决于系统的物理脆弱性（技术维度），还受其所处环境、经济、组织、社会等因素的综合影响[29, 34]。供水系统某一维度因素的变化是否会引起其他维度因素的连锁变化，变化程度有多大，这些问题尚不明确。因此，确定这些因素之间的相互制约关系是评价农村供水系统地震韧性的基础。此外，尽管研究者出于不同的研究目的，对韧性进行了不同的定义，但对供水系统地震韧性的研究，大家普遍认为系统韧性主要包括抵抗、吸收和适应以及恢复三种能力，这三种能力贯穿于系统备灾、应急响应和恢复等整个灾害管理周期[35]。因此，在进行全面系统的地震韧性评价之前，有必要厘清供水系统多维因素灾前、灾后的动态联系。

（3）缺乏客观、全面的农村供水系统应对地震灾害能力的评价体系。水是人类赖以生存的关键因素，在任何灾难情况下，负责运营供水基础设施的组织都必须确保供水服务不间断[36]。面对巨大的地震威胁，如何评价迅速发展的中国农村供水系统的地震应急能力是中国政府面临的巨大挑战。由于受到多维因素的动态影响，农村供水系统韧性评价是一个多阶段、多维度的复杂决策过程，但是现有的研究中，很少有研究方法能够包括完整的灾害管理周期过程以及韧性的所有（吸收、适应和恢复）能力[37]。因此，基于灾害管理周期考虑农村供水系统的地震韧性是非常有必要的。针对灾害管理周期下农村供水系统地震韧性评价模型中大量的定性和定量因素并存，以及影响因素信息不完全等问题，应采取什么方法和模型进行处理，从而有效地辅助地方决策者进行评价？农村供水系统地震韧性受到技术、环境、组织、社会以及经济等多维度因素的影响，其中技术维度的大部分因素，例如抗震等级、替代水源等在供水系统设计建设过程中就已经明确，然而社会、环境、经济、组织等维度存在大量的定性因素（例如社会信任、社会宣传等）需要根据专家的专业知识和经验来判断。此外，在地震灾害的备灾、应急响应和灾后恢复等不同阶段，不可避免地存在部分影响因素信息不全的问题。此时对系统韧性进行评价,需要依赖专家的个人经验和专业知识进行判断。因此,在农村供水系统地震韧性的评价过程中,需要有效结合定性和定量的方法进行研究。

(4)提出的评价模型能否运用于实践? 本研究作为基础设施灾害韧性理论在农村地区的探索性研究,如何在应急管理实践中使用评价模型? 评价结果能否有效地辅助农村供水系统决策者进行韧性建设? 这些都需要进行相应的验证。

1.2.2 确定研究目标

针对提出的研究问题,本研究设定了4个研究目标(O_1—O_4),并通过解决11个阶段性的研究问题(Q_1—Q_{11})来逐步实现研究目标:

O_1:识别农村供水系统地震韧性影响因素。这是研究农村供水系统地震韧性影响机制以及评价模型的第一步。为实现这个研究目标,此研究阶段将解决以下3个研究问题:

Q_1:农村供水系统地震韧性的潜在影响因素有哪些?

Q_2:地震灾害的发生不是均匀分布的,如何消除地区偏见,来自不同农村地区(拥有不同地震灾害经历)的农村供水系统利益相关方对影响因素重要性的认知是否存在显著差异?

Q_3:如何对各种影响因素进行分类管理?

O_2:构建农村供水系统地震韧性影响机制。这个目标是为了识别影响因素之间的关联关系以及影响因素与各阶段系统韧性状态之间的关系,也是下一步构建不完全信息下多阶段农村供水系统地震韧性动态评价模型的基础。为实现这个研究目标,此研究阶段将解决以下两个研究问题:

Q_4:如何构建不同因素组之间的假设关系?

Q_5:如何验证不同因素组之间的影响关系是否成立?

O_3:建立不完全信息下多阶段农村供水系统地震韧性的动态评价模型。在完成前两个目标(O_1—O_2)的基础上,本阶段的研究目标是通过构建动态评价模型在地震灾害管理周期的不同阶段对农村供水系统的地震韧性状态进行评价。为实现这个研究目标,此研究阶段将解决以下3个研究问题:

Q_6:如何选取合适的评价指标?

Q_7:如何确定指标的权重?

Q_8:如何选择合适的评价方法?

O_4:评价模型可行性和实用性的验证。将构建的评价模型运用到韧性实践中去并为地方决策者在农村供水系统的应急管理中提供有效的辅助决策建议是本研究的最后一个研究目标。为了演示评价模型在实践中的操作流程以及验证评价模型的实用性,此研究阶段将解决以下3个研究问题:

Q_9:如何选择实证对象?

Q_{10}:如何确定评价指标的评价标准?

Q_{11}:如何评价系统韧性?

1.3 研究方法与技术路线

在正式开展研究工作之前,有必要对研究工作进行合理的设计。根据本研究的4个阶段性研究目标以及对应的11个研究问题,我们应选择合适的研究方法并制定可行的技术路线图。

1.3.1 研究方法

农村供水系统地震韧性的评价是一项复杂的动态决策过程,在灾害管理周期各个阶段受到多维因素的动态影响,这些因素既有定性的也有定量的。此外,在灾害情境下,存在部分因素信息不完全或者完全缺失的情况,从而导致系统的综合韧性评价存在很大的不确定性。针对提出的研究目标,本研究运用管理科学领域和灾害学领域的相关理论和方法,主要采用半结构化专家访谈、问卷调研、统计分析和多准则决策模型以及案例分析等定性和定量方法相结合的三角测量法,分阶段解决本研究提出的研究问题。

1)文献回顾法

文献回顾是解决社会研究问题的一种常用方法,是总结相关研究领域的不足,预测未来研究方向的有效手段[38, 39]。许多研究人员利用这种方法来分析社区和基础设施灾害韧性的研究进展[27, 31, 35, 40-47]。例如,Cere 等人以 Scopus、Google Scholar 以及 Web of Science 等主要数据库为基础,从建筑环境工程角度,以地质环境危害为重点,对建成环境灾害韧性相关的定量和定性研究进行了回顾[47]。Shin 等人[40]则通过分析 Web of Science,JSTOR 和 Science Direct 等数据库的相关文献,开发了 11 个标准,批判性地评价了供水系统现有的 21 个韧性解决措施。

本研究涉及的文献主要来自国内外常用数据库(英文数据库为 Scopus 和 Web of Science,中文数据库为 CNKI),文献回顾具有 3 个方面重要作用:第一,本研究前期阶段通过广泛的文献回顾识别出以往研究的不足,并确定本研究的研究目标和问题。通过文献回顾,本研究介绍了研究背景、当前的研究现状等重要信息,进而阐明了具体的研究范围。第二,文献回顾是数据和信息的来源。本研究的核心任务之一是识别农村供水系统地震韧性的影响因素,通过回顾国内外的相关研究,获取了潜在影响因素清单。这为整个研究(包括农村供水系统影响因素的确定、韧性影响机制以及动态评价模型的构建)奠定了基础。第三,使用相关文献研究结论来佐证或支持本研究的某些观点、见解或研究成果。本研究的研究目标以及研究方法基于国内外现有研究,在研究方法的选取、研究假设的来源、研究结果的可靠性讨论等阶段,通过与相关研究的不断比对,论证了研究的合理性。更重要的是,据此建立起本研究的发现与现有知识体系之间的联系。这一研究方法贯穿于本研究的全过程,几乎所有章节均有涉及。

2)半结构化专家访谈

访谈是指两人及以上人员就特定问题进行的有针对性和目的性的谈话。这是一种研究性的交谈,目的是获取相关问题的更加深入和广泛的信息[48]。因此,访谈被认为是解决社会研究问题的最佳工具[49, 50]。与其他数据收集方法相比,对领域内的关键负责人进行访谈是获取行业前沿信息的最佳捷径,包括无须使用额外筛选来了解不易掌握的事实[50],通过研究访谈收集的数据被认为是可靠的,因为受访者具有丰富的领域知识,被认为可以胜任对研究问题的评判[50, 51]。

在管理科学领域,结构化、半结构化和非结构化访谈是常见的3种访谈方式[52]。不管采取哪种访谈形式,研究者都要提前设计访谈问题并为参与访谈的人员营造良好的公开交流氛围[52]。半结构化访谈常用于对文献综述、问卷调查等研究方法获取的研究结果进行信息补充和完善[50, 53]。为了确保文献综述提取的因素能更好地适用于农村供水系统地震韧性的研究,本研究采用半结构化的访谈方式对通过文献回顾得到的潜在地震韧性影响因素进行修改和完善。

3)问卷调查法

在社会科学研究中,调查、实验、档案分析、历史研究和案例研究是常见的5种数据收集方法。为了获取可靠的数据,在收集数据前,需要根据研究问题确定数据的分析方法以及数据类型[54]。调查法是社会科学研究中被广泛应用并且有效的一种数据收集方法,这种方法可帮助研究者在特定研究范围内获得具有代表性的样本和数据[55],主要用于评价特定群体的观点或行为[54]。在调查法中,问卷调查和访谈是两种最重要的方法。尽管问卷调查法存在主观偏好或反馈率低等问题,但是它仍给研究者提供了一个有效的途径用于了解一定数量的专家对研究问题的观点和态度[56]。此外,问卷调查可以以较低的成本高效地获得不同地域的大样本数据以帮助获得更全面的研究结果[57]。因此,在管理科学领域的调查研究中,问卷调查是最常用的数据收集方法之一,经常被用来评价和测量参与者的感知和意见[33, 58]。

问卷调查是本研究获取数据的重要方法之一,本研究在确定农村供水系统地震韧性影响因素重要性以及对农村供水系统地震韧性评价指标的权重打分两个部分都通过问卷调查法获取数据。问卷调查可以获取领域专家对研究对象的意见、态度和趋势的定量描述[59]。本研究在确定农村供水系统地震韧性影响因素的重要性方面,通过前期系统的文献回顾以及半结构化的专家访谈形成了农村供水系统地震韧性影响因素清单。根据研究目的,本研究基于地震韧性影响因素清单设计封闭式问卷,要求调查对象采用5级Likert量表对各地震韧性影响因素的重要性程度打分。由于本研究还涉及不同利益相关方对农村供水系统地震韧性影响因素重要性认知的差异性,因此,还将代表调查对象基本特征的信息(例如任职机构、是否参与过农村供水系统地震救灾等)设计为问卷的一部分。本研究在确定农村供水系统地震韧性评价指标客观权重的研究中,按照前述步骤同样设计成封闭式问卷。

在完成调查问卷的设计后,研究者需要采用适当方法发布问卷以有效回收问卷数据。随着信息和网络技术的发展,通过电子邮件或者常用的社交网络平台发放问卷的网络化调查方式得到广泛应用[60]。本研究总共进行了两次问卷数据的收集。第一次是关于农村供水系统地震韧性影响因素重要性的问卷调查,问卷数据收集时间为2020年9月至2021年2月。基于方便调查对象获取问卷的原则,本次调查采用"问卷星"制作结构化的网络调查问卷,主要通过电子邮件、微信等方式进行一对一的问卷发放。考虑到农村环境的巨大差异性以及数据的可获取性,调查对象主要是四川省农村供水系统利益相关方。本研究第二次问卷数据收集是关于珙县农村供水系统地震韧性评价指标重要性的小规模问卷调查,问卷数据收集时间为2021年12月至2022年1月,调查对象为实证分析部分选择的3个珙县农村供水工程的主要利益相关方,调查问卷的数据收集主要采取面对面调查、电话调查以及在线调查相结合。

4)数据分析技术

随着计算机硬件和软件技术的迅速发展,统计分析技术作为常用的数据分析工具在各学科领域的研究工作中得到了广泛的应用,已经成为社会科学研究人员进行定量分析必不可少的研究工具之一。根据不同的分析目的可将统计分析分为描述性统计和推理性统计两大类。在本研究中,首先通过描述性统计(影响因素的均值、标准差等)分析了来自不同农村地区供水系统利益相关者对影响因素重要性的相对认知差异以及绝对认知差异,其次采用推理性统计方法(非参数估计、因子分析法)探索和验证了影响因素之间的动态联系以及与农村供水系统地震韧性之间的关系。

因子分析是重要的推理性统计方法之一,包括探索性因子分析(Exploratory Factor Analysis, EFA)和验证性因子分析(Confirmatory Factor Analysis, CFA)两大类。EFA[61]和CFA[62]在基本思想、应用前提和理论假设等方面都存在差异[62],张超等人对两种方法的主要差异进行了分析总结(见表1.3)[63]。在实践中,研究者应根据研究目的的不同选择合适的因子分析法进行研究。

表1.3 探索性因子分析法和验证性因子分析法的区别

对比指标	探索性因子分析(EFA)	验证性因子分析(CFA)
基本思想	寻找影响观测变量的因子数量,分析因子和观测变量之间的相关程度	验证假设模型与实际数据的拟合程度
应用前提	不需要先验信息	需要先验信息
理论假设	1.需明确公共因子之间关系(相关/不相关); 2.所有公因子都直接影响所有的观测变量; 3.强调因子之间的独立性; 4.所有观测变量只受唯一因子的影响; 5.公因子与各因子之间相互独立	1.不需要明确公共因子之间的关系; 2.观测变量可以只受一个或几个公因子的影响; 3.各因子之间可以相关,还可以出现不存在误差因素的观测变量; 4.公因子与各因子之间相互独立

续表

对比指标	探索性因子分析(EFA)	验证性因子分析(CFA)
应用范围	1.简化数据； 2.寻找基本结构； 3.开发测量量表	1.验证因子结构； 2.验证因子之间的阶层关系； 3.评价量表的信度和效度

在管理研究的实际应用中,通常首先采用EFA法建立初始模型,然后使用CFA法对模型进行拟合和修正[62],两种方法的结合运用可以有效地提高模型的准确性。鉴于本研究属于探索性研究,在研究开始前,各影响因素之间的相互联系并不明确,因此首先需通过EFA法研究各影响因素之间的内在联系。主成分分析法(Principal Component Analysis,PCA)是一种常用的EFA法,PCA法可以在一个多变量框架中考虑所有变量,并将高维数据简化为几个相互独立的主成分,具有以较少综合变量保留尽可能多的原始信息对多维因素进行有效降维并简化计算过程的优点。故被广泛运用于探索性因子分析[50,64]。本研究运用PCA法将调查问卷数据中的影响因素探索性地聚类到几个相互独立的因素组,具体分析过程详见第3章。

在探索性因素分析的基础上,本研究结合相关文献的研究结论,提出因素组之间的假设关系,并使用验证性因子分析因素组之间的假设关系。结构方程模型(Structural Equation Modeling,SEM)是第二代统计分析技术,可以同时处理多个因变量,探寻众多因变量之间的关系,并且允许自变量和因变量在统计过程中存在误差,是目前处理因素之间复杂关系的最优技术[65],因此被广泛应用于验证性因子分析研究[58]。结构方程模型是在已有的结构假设前提下,通过对多个观测变量进行线性分析来验证原有假设的准确性。根据模型参数的优化估计和样本数据对模型的拟合优度来检验假设模型,当数据不能匹配模型的拟合优度要求时则否定提出的假设模型,反之则接受假设模型。根据分析目标、潜在的统计假设以及拟合统计量的不同,结构方程模型可分为基于协方差的结构方程模型(Covariance-Based Structural Equation Modeling,CB-SEM)和偏最小二乘法的结构方程模型(Partial Least Squares Structural Equation Modeling,PLS-SEM)。1999年,Chin对这两种模型的适用范围进行了区分[66](见表1.4)。

表1.4 CB-SEM和PLS-SEM适用范围比较[66]

对比指标	CB-SEM	PLS-SEM
分析目的	确定参数	预测
使用方法	基于协方差	基于方差
假设条件	观测变量服从正态分布(参数)	不要求观测变量服从正态分布
测量模型的类型	通常为反映型	形成型或反映型均可
所需最小样本量	200~800	30~100
优化目标	优化参数准确度	优化预测准确度
适用模型	中小复杂程度	大型复杂模型

根据本研究获取样本的数据分布特点以及样本量大小,本研究选取PLS-SEM验证因素组之间的假设关系,构建农村供水系统地震韧性影响机制,具体分析过程详见第4章。

5)评价方法

根据不同评价对象的特征选取合适的评价方法对模型的可靠性和实用性至关重要。本研究第三个核心目标是建立不完全信息下多阶段农村供水系统地震韧性动态评价模型,使用基于博弈论的ANP法和熵权法对韧性评价指标进行组合赋权;使用证据推理理论进行指标融合的方法建立不完全信息下农村供水系统地震韧性评价模型。

(1)基于博弈论的ANP法和熵权法组合赋权法。在对拟评价对象进行综合评价时,各评价指标相对于评价目标的重要程度并不相同。通常用权重来刻画评价指标相对评价对象的相对重要程度。权重越大的指标代表其相对评价对象越重要;反之,权重越小的指标则代表其相对评价对象越不重要。在解决工程实践问题时,通常有主观赋权法、客观赋权法以及(主客观)组合赋权法3种方式确定权重,需根据研究的具体情况选择适当的方法对指标进行赋权。在本研究中,作为评价对象的农村供水系统地震韧性各维度因素之间存在并不完全独立、因素形成的因素组之间也存在相互关联关系,形成复杂的多层网络结构关系,采用网络分析法(Analytic Network Process, ANP)对评价指标进行赋权可以有效地处理这种多层次的复杂网络结构。但是 ANP 法作为主观赋权法,容易受到决策者知识和经验的限制,进而带来定性因素权重的不确定性。为了降低这种不确定性干扰,本研究采用熵权法对韧性评价指标进行客观赋权,通过基于博弈论的方法寻找熵权法和 ANP 法确定的最优组合权重,既充分发挥专家的专业知识和经验来识别因素的相对重要性,又尽量减少主观偏好带来的不确定性。

(2)证据推理理论。本研究使用了大量的定性指标,并且涉及的因素和阶段也比较多,在灾害管理周期不同阶段对农村供水系统地震韧性状态进行动态评价时,还可能存在信息不完全或者信息缺失的情况。因此,在评价农村供水系统地震韧性时,需要选择一种合理的方法能够同时解决定性指标的不确定性问题以及信息不完全问题。在工程实践的决策中,人们通常会遇到不确定性问题。根据 Morgan 等人的总结,信息不完全、信息源不一致、语言变量的不准确性以及评价方法的简化都可能导致不确定性问题的产生[67]。对这些不确定性问题需要采取适当的措施予以解决。因此,发展处理模糊、不精确和不确定性的、不完整的信息和精确方法便受到了人们的普遍关注。对不确定知识的表示和推理,最常见的三种框架是贝叶斯概率论、证据推理理论和模糊集理论。与模糊理论和贝叶斯概率论相比,证据推理理论不仅能灵活处理不确定信息,还能有效融合定量和定性知识,通过一定的规则,证据推理理论能够将各种形式的输入转化至统一的置信框架,并进行证据组合[68]。因此,本研究选取证据推理理论来解决不确定信息及定性指标和定量指标相融合的问题。

6)实证研究方法

根据 Marshall 等人的总结,实地考察法、观察法、案例研究法都是用于验证模型可行性的主要方法[69]。本研究在验证模型可行性时主要基于以下两方面的考虑：①评价过程是一个不容易观察的心理过程；②与洪水、干旱等明显季节性自然灾害不同，地震灾害的发生具有偶然性，当前的技术手段暂时无法实现对地震灾害的有效预测。因此，实地考察法和观察法均不适用本研究。

案例研究是社科研究中十分有用的研究方法，主要有以下 3 个优点：①可以分析研究问题的原因和运行方式，从过去的灾害经验中获取经验；②不需要对事件进行过多的干预和控制；③研究重点都是当前的事件[64]。在灾害管理研究中，案例研究被广泛用于验证模型的可行性和实用性[29, 70]。根据数据的可获取性及研究价值，本研究从四川省历次地震灾害灾区中选取"6·17"长宁地震珙县灾区作为案例研究区域。选取珙县灾区进行研究主要基于 3 点考虑：①长宁地震于 2019 年 6 月发生，目前灾区的灾后重建工作已经基本完成，大部分灾害数据已经整理完毕；②近年来珙县频繁发生 6 级以下的中小地震，给当地供水系统带来持续的压力；③珙县的社会经济发展水平属于四川省中等水平，具有一定的代表性。

7)三角测量法

三角测量法特别适用于工程管理领域的研究，因为此类工程具有高度复杂性和动态性的特点，所以需要研究人员采用多种方法、从多个角度更好地理解相关问题。此测量法也被人们认为可以用于有效地控制研究偏差和测试研究结果[71]。三角测量有多种使用形式，例如数据、方法、研究人员和理论的三角化[72, 73]。本研究主要考虑前两种形式，即数据收集法（文献回顾、半结构化专家访谈及问卷调查等方法结合获取关键影响因素）和数据分析法（主成分分析、PLS-SEM 建模、文献回顾和案例分析等方法确定模型的准确性）来验证本研究数据收集的可靠性及模型的准确性。

1.3.2 研究技术路线

根据本研究阶段性的研究目标及使用的研究方法,我们制订了研究技术路线图(见图1.3),主要包括3个阶段:

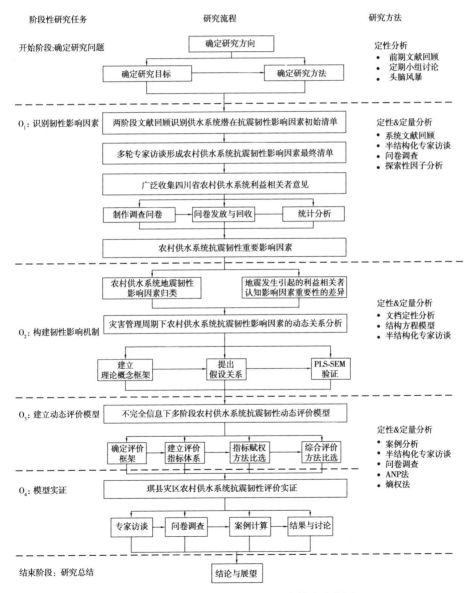

图1.3 农村供水系统抗震韧性研究技术路线图

第一阶段是研究的前期阶段。我们通过广泛的文献回顾、定期小组讨论及头脑风暴等一系列定性的方法来确定研究对象。本研究的研究对象是按照由大到小、逐步聚焦的方式确定的。首先,明确研究的大致方向和范围。本研究的研究方向及范围的确定主要基于三个方面的考虑:一是基于研究者的研究兴趣。随着全球气候变化,自然灾害频发,给人类社会的生存带来巨大威胁,研究者对基础设施应急管理领域产生了浓厚的兴趣。二是契合研究团队的整体研究方向。研究团队对基础设施的投资、建设和运营进行全生命周期的研究。目前,基础设施投资、建设领域的研究已经相对成熟,但基础设施的运营则面临较多的问题,尤其是农村基础设施,因此将研究范围缩小到农村基础设施运营阶段的应急管理范围内。三是考虑到研究数据的可获取性及研究的实践意义。研究团队主要成员与四川省内各研究机构、政府、企业等联系密切,进行田野调查及获取相关数据相对较容易。此外,四川省地震灾害频繁,地震灾害频次位居全国第五,"5·12"汶川地震、"4·20"雅安地震、"8·8"九寨沟地震等破坏性地震给四川省造成了巨大的人员伤亡和财产损失,尤其是被称为生命线工程的供水、交通等关键基础设施在地震破坏下服务的中断通常会带来直接和间接的严重后果,这些基础设施应对地震灾害的能力对当地居民的生存发展具有重要意义。因此,我们将基础设施运营阶段应对地震灾害的能力确定为大致的研究方向。然后,我们又进行了广泛的文献阅读,找出当前研究领域内相关研究存在的问题和不足,并定期开展研究小组讨论会议,通过小组成员的头脑风暴最终提炼出有价值的研究对象。基于当前农村供水系统的发展现状、地震灾害对农村供水系统的巨大威胁及当前农村供水系统防灾减灾预警体系建设的需要,我们最终将农村供水系统地震韧性的动态评价作为研究目标。

第二阶段是本研究的核心阶段,主要包括识别农村供水系统地震韧性影响因素、构建灾害管理周期下农村供水系统地震韧性影响机制、建立不完全信息下多阶段农村供水系统地震韧性动态评价模型及模型实证4个主要研究内容。

第三阶段是本研究的总结阶段。总结本研究的主要研究内容及对现有知识体系的贡献,根据研究中存在的局限性对未来的研究方向进行展望。

1.4　研究章节安排

根据本研究的研究技术路线,确定了研究论文的章节安排,总共分为7章。每一章的内容安排如下:

第1章:绪论。介绍研究背景,突出研究的理论意义及现实价值,并提出研究问题和目标,明确各阶段使用的研究方法,制订研究技术路线图。

第2章:介绍核心概念、理论基础及研究动态。本章对研究涉及的核心概念进行辨析,并阐述了研究涉及的基础理论支撑,界定了研究界限。在此基础上,根据研究对象和研究目标对供水系统地震韧性的相关研究动态进行回顾,明确当前的研究现状及存在的问题,为后续研究奠定理论基础。

第3章:识别农村供水系统地震韧性影响因素。首先,通过大量的文献回顾总结出常用的供水系统地震韧性影响因素,得到初步的供水系统影响因素清单;其次,考虑到鲜有关于农村供水系统地震韧性的相关研究,以及城乡差异,本研究在文献回顾的基础上,对10名农村供水系统运营管理专家进行多轮半结构化访谈,得到最终的农村供水系统地震韧性影响因素清单并形成调查问卷。通过长达半年时间的问卷收集,共收到123份来自农村供水系统利益相关者的有效问卷。通过统计分析,确定了影响农村供水系统地震韧性的9大因素组,并分析了不同地震经验的农村供水系统利益相关者对地震韧性影响因素重要性认知存在的差异性。

第4章:构建灾害管理周期下的农村供水系统地震韧性影响机制。根据因子分析结果,结合文献中的相关研究结论、调整因素分组、基于灾害管理周期理论,我们提出因素组及之间的假设关系,构建反映因素组之间影响关系的理论框架,并利用PLS-SEM对影响因素的路径及理论模型进行调整和验证,最终构建了灾害管理周期下农村供水系统地震韧性的影响机制。

第 5 章:不完全信息下多阶段农村供水系统地震韧性动态评价模型。在第 4 章构建的农村供水系统地震韧性影响机制上,建立多阶段农村供水系统地震韧性动态评价框架。根据权威的指标评价体系、设计规范及学术文献,构建地震韧性评价指标体系。在此基础上,通过证据推理理论法以及基于博弈论的 ANP 法和熵权法组合赋权,构建农村供水系统地震韧性动态评价模型。

第 6 章:多阶段农村供水系统地震韧性评价实证。本章以"6·17"长宁地震珙县灾区涉及的农村集中供水工程为研究对象,选取三类集中供水工程进行实证。通过与韧性阈值目标比较以及横向比较不同供水系统当前的韧性状态,对评价模型的可行性和实用性进行验证。

第七章:总结与展望。本章首先对研究成果进行归纳总结,强调本研究的创新之处。其次,报告了研究局限,并对研究中存在的不足加以说明,在此基础上进一步展望了未来的研究方向。

1.5 本章小结

本章首先从中国农村供水系统的发展现状、面临的威胁及建设农村供水系统灾害预警体系的需求 3 个方面介绍了本研究的研究背景,并提出了本研究需要解决的相关问题,强调了本研究的理论意义和现实价值。在此基础上,明确了本研究的主要目标及相应的研究方法。根据阶段性的研究目标、研究方法,制订了本研究的研究技术路线图,最后介绍了研究论文的谋篇布局及各章主要涉及的研究内容。

2 核心概念、理论基础以及研究动态

2.1 引言

作为关键基础设施,供水系统对人类社会的生存发展发挥了重要作用。近年来,地震灾害对供水基础设施的破坏给震区供水造成了严重影响,因此,供水系统地震韧性研究引起了国内外学者的广泛关注,并取得了丰硕的研究成果。本章首先对农村供水系统地震韧性研究涉及的核心概念、基础理论进行辨析和说明,明确研究范围,在此基础上,进一步对国内外的供水系统地震韧性研究动态进行综述,为本研究提供了理论基础(见图2.1)。

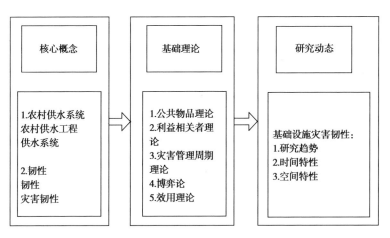

图2.1 农村供水系统灾害韧性文献综述研究框架

2.2 核心概念辨析

2.2.1 农村供水系统

1)农村供水工程

农村供水工程又称农村饮水安全工程,主要是指向居住在县城区以下的(乡)镇、村等农村居民以及辖区内的学校、医院(卫生所)等居民供水的基础设施,供水服务以满足居住在(乡)镇辖区内的农(乡)村居民和各种单位居民日常生活所需用水为目的,不包括农田灌溉用水。由于中国农村地区环境差异较大,农村供水工程形式各异,通常按照供水方式可分为分散供水工程和集中供水工程两种。

分散式供水是我国传统的供水方式。分散供水工程是指给单户或者多户居民提供饮水服务的一些简单的供水工程,供水服务人口一般少于20人。分散供水由于服务人口少,供水需求量小,供水基础设施相对简单,一般只包括简单的取水设施,不需要配置供水管网,多数系农户为满足个人用水需求进行自建、自管和自用。分散供水工程按照水源不同又可分为雨水积蓄供水工程、分散式水井、引蓄供水工程以及引泉工程等[14]。

集中供水工程是指通过修建的取水工程(水源取水口)、净水工程(消毒设备、沉淀池等)、输配水工程(配水管网)以及用户取水点(用户设备)等农村供水基础设施从水源集中取水,经统一净化处理或消毒后,通过管网统一输送至各用水点(送水到户或集中供水点)。集中供水工程实行统一供水、统一收费,供水规模一般为20人以上。根据工程所在地的地理环境差异,集中供水工程的服务范围包括单村、联村、乡镇甚至跨乡镇的模式。

根据 2018 年中国水利学会发布的最新的《农村饮水安全评价准则》(T/CHES 18—2018),我国农村供水工程可分为 3 个大类,见表 2.1。

表 2.1 中国农村供水工程分类[72]

工程类型	集中式		分散式
	千吨万人及以上	千吨万人以下	
分类标准	1 000 m³/d≤设计供水规模或1万人≤设计供水人口	设计供水规模<1 000 m³/d且设计供水人口在20人到1万人之间(包括20人)	设计供水人口在20人以内

水利行业对集中供水工程的分类,经历了几次变更(SL 310—2004、SL 687—2014、SL 688—2013 以及 SL 689—2013),2019 年 9 月 30 日,水利部公告发布了水利行业最新标准:《村镇供水工程技术规范》(SL 310—2019)。根据供水规模大小,将农村集中供水工程进一步细化为 5 类,见表 2.2。

表 2.2 农村集中供水工程分类[73]

供水工程类型	规模化			小型	
	I 类	II 类	III 类	IV 类	V 类
供水规模/(m³·d⁻¹)	10 000≤w	5 000≤w<10 000	1 000≤w<5 000	100≤w<1 000	w<100

2)农村供水系统

供水系统又称饮用水系统,是重要的基础设施和生命线,负责生产和分配满足最终用户需求的适合人类消费的饮用水[27]。供水系统涉及复杂和异构的基础设施,这些基础设施因水源、饮用水质量、人口密度等变量而异,但是大部分供水系统都包括取水工程、净水工程、输配水工程、用户取水设备 4 类基础设施[27, 70, 74]。典型的供水系统组成结构如图 2.2 所示[41]。

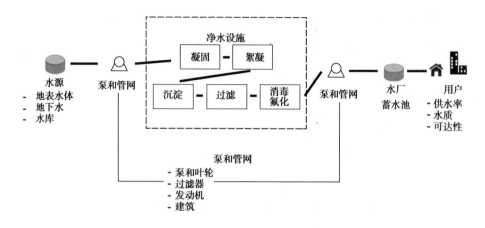

图2.2 典型供水系统结构示意图[41]

供水系统的结构在某种程度上容易受到结构类型、材料、综合技术、地理位置及其执行功能方式的影响[27]，从行政区划来分类，供水系统可分为城市供水系统和农村供水系统[29]。因此，从供水系统和农村供水工程的含义出发，本研究所称农村供水系统的定义是指以位于农村区域的从（自然或人工）水源中取水、净水和输配水的农村集中供水工程为主体，满足服务范围内农村居民用水服务的饮用水系统。

2.2.2 韧性

韧性又称弹性或者复原力，来自外文"resilience"一词。Resilience 最初由拉丁语"resillo/resiliere"演化而来，意思是"跳回去或者反弹回去"（jump back or bounce back）[45]，通常用来描述物质或机体的柔韧性（pliant）或伸缩性（elastic）[75]，是物理学领域材料科学的一个概念。Holling（1973）首次在生态学领域中引入韧性（resilience）一词来描述自然生态系统的能力[76]，随后韧性这一概念被广泛应用于社会[77]、经济[78]、组织[79]等领域。

在灾害管理领域，近年来越来越多的学者开始对人类社会的抗灾能力，即灾害韧性（disaster resilience）感兴趣，并进行了相应的研究。应对自然灾害的灾害韧性已成为城市规划者、技术从业者、决策者和非政府组织制订战略和政策的核心宗旨。研究者出于不同的目的对韧性进行了不同的定义。地震工程多学科研究中心[34]将韧性定义为"系统减少冲击机会、在发生冲击时吸收冲击并在冲击后快速恢复(重新建立正常性能)"的能力。联合国国际减灾战略(United Nations International Strategy for Disaster Reduction, UNISDR)将有能力抵抗、吸收和适应灾害影响、在危机期间保持某些基本功能和结构并从事件中恢复的城市称为韧性城市[80],并将灾害韧性定义为(基础设施或社区)系统暴露于危险之中,通过维护和恢复其基本结构和功能及时有效地抵御、吸收、适应和从危险中恢复的能力[35]。此外,美国国家研究委员会将韧性定义为准备和计划、吸收、恢复或更成功地适应实际或潜在不良事件的能力[81]。尽管不同文献对灾害韧性作出了不同的定义,但大多数定义都包括3种能力:吸收能力、适应能力和恢复能力[29]。根据汪辉等人的研究,在面对地震、洪水、经济衰退、疾病、战争等不确定的生存危机时,相较弹性或者复原力,韧性是最全面合理的释义,代表着在经历灾难后变得更好的能力[82]。对于农村地区来说,地震灾害在对原来的社区和基础设施产生破坏的同时,在灾后恢复阶段也存在建设得更好的机会。因此,本研究采用地震韧性(seismic-reslience)来定义农村系统应对地震灾害具有的吸收、适应及灾后恢复的能力。

2.3 基础理论

2.3.1 公共物品理论

经济学家萨缪尔森给出了公共物品的经典定义"每个人对公共物品的消费都不会影响其他人对该物品的消费"[83, 84]。基于这个概念,马斯格雷夫将经济物品划分为私人物品(Private Goods)和公共物品(Public Goods)[85]。相较于私人物品,公共物品具有两个显著特征:受益的非排他性(non-excludability)和消费的非竞争性(non-rivalness)[85]。

除了受益的非排他性和消费的非竞争性,随着公共物品理论的发展,公共物品效用的不可分割性也逐渐被国内外学者普遍接受。公共物品的分类也得到了多样化发展,除了纯粹的私人物品和公共物品,研究者们认为还存在一些物品介于纯私人物品和纯公共物品之间,并提出了相应概念,例如准公共产品(Impure Public Goods)[86, 87]、俱乐部产品(Club Goods)[88]或准私人产品(Impure Private Goods)[89]。

本研究的研究对象是农村供水系统及其包含的农村集中供水工程,是为解决农村居民饮水问题的民生工程,属于公共物品范畴,在一定程度上具备公共产品的非竞争性和非排他性,按照上述分类,属于准公共产品。此外,准公共产品又分为拥挤性公共产品(如公路)和排他性公共产品(如供水、供电等市政设施和公益性基础设施)。按照这个分类标准,农村供水系统属于排他性准公共产品。

在公共物品理论中,由于"免费搭车"等情况的存在,公共物品的有效供给一直是研究的核心关注点之一[90, 91]。毛紫君对公共物品的有效供给进行了经济学分析与对策研究,认为需要完善市场竞争机制,构建多元化公共物品供给格局来提高公共物品的有效供给[92]。由于农村供水系统的准公共产品性质,在供水系统运营过程中难免存在"免费搭车"问题,农村供水系统的运营维护经费问题是大部分运营管理者关注的核心问题,目前中国农村供水系统的运营主要包括政府直接管理(乡镇政府和村委会)、企业运营(水务公司)以及私人承包等方式。基于公共物品理论,本研究将农村供水系统的经济环境作为农村供水系统地震韧性的一个维度进行探讨,并在本研究第7章模型实证中将选取不同运营主体的供水工程对模型的可行性和实用性进行验证,横向比较不同运营主体的农村集中供水工程地震韧性的差异性,以期从农村供水基础设施地震韧性的角度为公共物品的多元供给理论提供依据。

2.3.2　利益相关者理论

利益相关者是指在决策过程中提供投入并从决策结果中获益的个人或实体[93]。利益相关者理论最早由经济学家弗里曼提出[94],其核心观点是利益相关者对组织的行动感兴趣,并有能力影响或受组织目标实现的影响[94-96]。

Mitchell 等人将利益相关者分为两类:广义上的利益相关者主要是指影响企业目标实现或者被企业目标所影响的群体;狭义上的利益相关者主要是指在企业中投入实际资本(例如人力资本、实物资本、财务资本等),并由此承担企业经营所产生的风险和收益的群体[97]。Cleland 则对利益相关者的定义、识别、分析和管理的全过程进行了系统阐述[98],并首次将利益相关者理论引入项目管理领域。Newcombe 认为,识别和有效管理利益相关者对项目的成功实施至关重要[99]。在灾害管理项目中,利益相关者是指能够影响或受灾害相关项目绩效影响的团体或个人[100,101]。对灾害利益相关者进行管理是根据对其需求、利益和对项目成功的潜在影响的分析,制订适当的管理战略,以便在灾害风险管理生命周期的缓解、准备、响应和恢复阶段有效地吸引利益相关者的过程[58]。本研究基于利益相关者的定义以及相关研究对农村供水系统地震灾害管理周期下的利益相关者进行识别,主要利益相关者包括影响农村供水系统供水服务的运营主体即地方政府、水务局(水利局)、水务公司、村委会等。此外,还包括供水工程的服务对象,例如农村居民、辖区内的学校或医院等;以及地震救灾过程中的应急管理部门、军队等。根据 Mitchell 等人的研究,利益相关者的属性包括权力、合法性和紧迫性,这些属性会影响项目的整体绩效[97]。

利益相关者的共同责任是建立系统的抗灾韧性,他们在灾害的预防、应对和恢复过程中起着关键作用[58]。利益相关者更好地了解供水基础设施系统恢复能力的决定因素对于优先分配发展中国家的有限资源以减少自然灾害对社区的不利影响至关重要[102]，在灾后恢复阶段，如果不确定和整合多方利益相关者的观点，灾难恢复决策可能会变得无效、耗时、成本高昂且容易发生冲突[103]。利益相关者，尤其是作为运营主体的主要利益相关者的积极参与对农村供水系统抗震能力建设非常重要。因此，基于利益相关者理论，本研究从研究设计阶段开始就积极邀请农村供水系统的主要利益相关者广泛地参与研究设计、问卷调研以及最后的模型实证，以此确保研究结果能更好地运用于工程实践。

2.3.3 灾害管理周期理论

突发事件和自然灾害事件的发生、发展直至消亡，对人类和基础设施的破坏和影响存在一个过程。为了减轻这些灾害事件在这个过程中对人类社会的消极影响，需要进行有效的灾害管理（Disaster Management，DM）。2007 年，美国联邦应急管理署（Federal Emergency Management Agency，FEMA）针对灾害管理首次提出了灾害生命周期（Disaster Life Cycle，DLC）[104]的理论概念。根据FEMA 的定义，灾害管理人员在灾害生命周期的主要职责包括突发事件和灾害发生前做好应急管理准备、灾害发生时做出响应、帮助群众和组织从灾害中恢复、减小灾害影响、减少灾害损失及防止次生灾害的发生。根据事件发生的先后顺序可划分为 4 个阶段：①减灾阶段（Mitigation）；②备灾阶段（Preparedness）；③响应阶段（Response）；④恢复阶段（Recovery）[104]。灾害生命周期理论的提出，为政府和地方决策者在灾害事件的不同阶段制订相应的规划或缓解政策提供了理论依据，为政府、应急人员、地方决策者实施灾害管理政策奠定了基础。然而由于灾害事件的不同特性，关于灾害生命周期的划分，研究者们存在不同的认识。

日本学者 Murao[105]从灾害管理角度，将灾害生命周期划分为缓解（Mitigation）、准备和响应（Preparedness and Response）以及恢复（Recovery）3 个阶段来讨论灾害生命周期不同阶段的建筑与物理环境的关系。Colin 等人[106]认为,由于自然灾害的外生性,通常无法缓解自然灾害,或者缓解成本过高而不可取。例如,修建海堤来保护海岸线的成本在财务上是不合理的[107,108]。并将灾害生命周期分为评估准备(Assessing and Preparing)、应急响应(Emergency Response)及灾后恢复(Post-event)3个阶段实施灾害管理应对措施。Cater[109]以洪水为例,认为灾害管理应包含预防(Prevention)、缓解(Mitigation)、准备(Preparedness)、洪水影响(Flood Impact)、响应(Response)、恢复(Recovery)和发展(Development)7个相互关联的活动,并将灾害管理周期定义为灾前(包括预防、缓解和准备活动)、灾中(救援和救济活动)及灾后(包括恢复和发展活动)3个阶段。Alexander则以2009年拉奎拉地震为例,将缓解和准备划分到灾前阶段,应急和恢复划分到灾后阶段,从灾前灾后两个阶段阐释了灾害管理周期在灾害管理中的作用[110]。

灾害管理周期是政府和地方决策者、应急管理者制定防灾减灾政策的必备参考。灾害管理周期的每一环节或阶段都与灾害管理政策息息相关,因此,灾害管理周期对农村、城市及国家范畴的防灾减灾策略都适用。考虑到地震灾害的不可预见性,以及现有技术对于缓解地震灾害的局限性,结合已有文献对灾害管理周期的定义,本研究将灾害管理周期分为准备阶段(灾前)、应急响应阶段(灾中)以及恢复阶段(灾后),并作为第5章构建农村供水系统地震韧性影响机制的理论基础。

2.3.4　博弈论

博弈论又称对策论(Game Theory),主要用于研究公式化的激励结构间的相互作用[111]。在工程实践中,由于存在不同的利益相关者(例如施工、设计、咨询、运营等),在决策评价中存在大量的博弈活动。近年来,博弈论已广泛运用于各领域的决策评价模型,例如用于系统工程影响因素评价[112]、城市轨道交通运营评价[113]、小农水项目绩效评价[114]、农村灌溉区运行情况评价[115]、航道水域通航安全评价[116]等。在不同领域,博弈对象不同,"冲突"或"竞争"不同,博弈的算法也有所区别。

对于灾害管理项目,由于存在不同的利益相关者,博弈论也被广泛用来协调利益相关者之间的各种"冲突"问题,例如,灾后恢复项目中的恢复目标"冲突"问题[117]以及洪水风险管理的土地费用支付问题[118]。本研究涉及对经济、环境、社会等因素进行系统评价时,存在大量的定性因素,如果采用单一的专家打分法、AHP等主观赋权方式对评价指标的权重进行赋权则存在主观偏差,若单纯采用客观赋权方式,则很有可能与实际情况相背离。因此,本研究拟采用主客观组合赋权的方式对农村供水系统地震韧性评价指标进行赋权。利用博弈论在两种赋权方法之间寻求协调一致或妥协关系,最终实现最优的指标赋权,使权重结果既能体现专家的专业知识又能兼顾客观事实,详情请参阅本书第6章的分析。

2.3.5 效用理论

效用理论是经济学的基础理论之一,1973年伯努利第一次在研究中提出了效用(Utility)的概念,随后又提出了规范的效用理论[119]。一般而言,效用是人们欲望或者需求满足程度的一种度量方式,即人们在消费过程中需求被满足的程度。随着效用理论的发展,该理论还用来反映决策者的决策倾向[120]。当面临众多的选择时,同一选项对不同的决策者可能具有不同的效用,决策者往往根据效用大小来做决策。由于效用是决策者的主观感受,代表了人们对待风险的态度,故很难估计效用值的绝对值。因此,在使用效用理论辅助决策者进行决策时,通常估算相对值。在估算效用值的相对值时,通常先确定两个极端取值的效用值,再通过已知的效用值来确定中间值的效用大小,即用已知的数学期望值来逐渐逼近未知的效用值,直至对两者的看法等价为止。重复这一操作,确定几个特殊点的效用值后,将这些点用光滑的曲线连接起来,就得到了决策者的效用曲线。彭张林给出了3类不同专家对定性指标和定量指标进行评价的效用曲线(见图2.3和图2.4)[121]。通过加权转换,融合不同专家的效用值,可以有效降低单个专家评价的主观性。

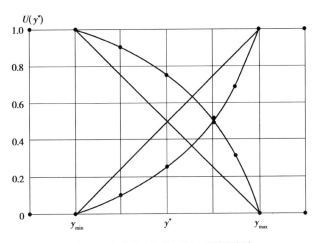

图2.3 定量指标评价效用曲线图[121]

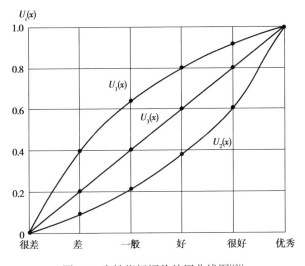

图2.4 定性指标评价效用曲线图[121]

在地震灾害管理周期中,农村供水系统的地震韧性受到诸多因素的影响,囿于资源的有限性,决策者往往需要权衡资源的最优配置。然而农村供水系统地震韧性只是一个相对概念,很难用绝对值去衡量,本研究基于效用理论,将决策者对农村供水系统地震韧性的期望(韧性阈值)以及通过证据推理理论计算得出的用信任区间表示的农村供水系统地震韧性值转化为[−1,1]之间的效用值,便于地方决策者直观地比较系统韧性状态与韧性阈值的关系以及进行不同系统之间的横向比较,详情请参见第6章的分析。

2.4 研究范围

在进行具体研究时,由于时空差异,研究结论不可能适用于所有的情况,因此需要区分研究界限。2.2节和2.3节已讨论过本研究的核心概念及相应的支撑理论,可知本研究的适用范围如下:

(1)地理界限:中国农村。对于农村地区,各个国家都有不同的划分,本研究的研究范围主要集中在中国农村地区。农村,也叫乡村[122],在本质上乡村和城市都是人类生存的聚落,其概念是与城市的概念对比而形成的[123]。在中国,从多个维度来看(包括职业角度、生态视角、城乡空间及社会文化等)乡村是以农业生产为主的劳动区域。从行政区划来看,全国分为三个层级,即省、县、(乡)镇,而村隶属于(乡)镇。本研究中农村地区是指(乡)镇及其下属的村庄区域。

(2)时间范畴:地震灾害管理全周期。韧性是一个动态过程,而不是一个静态结果,评价农村供水系统的地震韧性是监测系统当前抗震能力的手段,而不是最终目的。构建农村供水系统地震韧性评价模型的目的是通过对系统地震韧性状态进行动态监测,及时掌握农村供水系统的抗震能力并实施相应的韧性建设措施,研究范围应覆盖供水系统投入运营后的备灾、应急响应和灾后恢复全过程。农村供水系统生命周期的不同阶段(设计、建设、运营等)地震韧性可能受到不同因素的影响,为确保研究的实用性,农村供水系统规划设计建设期不在本研究范围内。

(3)工程规模:服务人口大于千人以上的农村集中供水工程。近年来,伴随着全球城镇化进程,中国农村基础设施建设得到了快速发展,到2019年底,全国农村集中供水率已经达到87%[124]。随着城镇化进程的推进,乡村振兴等政策的实施,小型集中式和分散式供水工程只是农村供水发展过程中的过渡性产物[125],根据四川省农村供水工程的实际情况以及数据的可获取性,本研究涉及的农村供水工程为千人以上的农村集中供水工程。服务人口低于千人的农村小型集中供水工程和分散式供水工程不在本研究范围内。

综上所述,本研究的研究范围是指位于农村区域,为(乡)镇辖区内的农村居民提供饮用水服务且服务人口在千人以上的农村集中供水工程的农村供水系统运营阶段全灾害管理周期下的地震韧性。处于设计规划建设期,以及供水人口低于千人以下的小型集中供水工程和分散式农村供水系统不在本研究范围内。

2.5 国内外研究动态

近几十年来,自然灾害的发生频率及其对经济和人类的破坏性影响程度几乎呈指数增长[106,126,127]。根据Debarati等人的统计数据,2006—2015年,这短短十年间,自然灾害共造成7万人死亡及1 300多亿美元的经济损失,全球平均每年有超过2亿人口受到自然灾害的影响[128]。供水系统作为关键的生命线工程,如何减小其在地震等自然灾害中受到的消极影响一直是研究人员关注的核心问题。

风险管理的可靠性曾经被广泛用作供水系统管理的主要标准[129-131],基于传统的风险战略,对供水基础设施采取减轻或避免预期(目标)破坏事件的可能性以及因此带来的不利影响的保护措施和方案[132,133]。这些方案可以在一定程度上提高供水系统的可靠性,有助于防止不良后果的发生。然而,近年来的灾害事件表明,由于干扰的高度不确定性、基础设施系统的复杂性及相互依赖性,无法在灾害情况下对供水系统实施完全的保护[134-136]。随着韧性概念在各研究领域的快速发展,近年来供水基础设施研究的重点由供水基础设施的保护逐渐转向供水基础设施的韧性研究[40, 137-139]。

2.5.1 供水系统地震韧性研究趋势

在关注基础设施系统的地震韧性时,系统的物理脆弱性是研究的核心关注点[29]。Wei 等人总结了 21 项关于城市供水管网韧性的研究[140],结果表明研究人员主要基于恢复模拟方法研究供水系统的地震韧性,并通过增加或升级水泵和管道扩展,从技术角度提高供水管网的地震韧性[139, 141, 142]。这些研究大多集中在评估地震发生时供水系统及其部件受到的损伤,而不是系统整体性能,或系统恢复到可接受的服务水平所需的恢复时间[29]。此外,供水系统的地震韧性并不仅仅取决于系统的物理脆弱性,在发生灾害事件的情况下,物理基础设施和社会网络之间的动态互动更加紧密[143]。大量的灾害事件表明,单纯针对减少基础设施物理脆弱性的传统工程方法不足以应对社会-技术互动的复杂性[144, 145],无法有效地提高基础设施系统灾害韧性。为了突破这些限制,韧性思维方法需要考虑社区与基础设施之间的相互联系,在灾害事件过程中系统地考虑社区与基础设施之间的相互影响[146]。

Bruneau 等人[34]将社区和基础设施系统的地震韧性描述为系统拥有的"4R特性":稳健性(Robustness)、冗余性(Redundancy)、资源性(Resourcefulness)、快速性(Rapidity)。其中,稳健性描述了社区或系统本身承受给定水平的压力或需求的强度或能力,不会退化或功能丧失。冗余性描述了系统中存在可替换的元素、系统或其他分析单元的程度,以保证系统在受到地震等破坏干扰功能中断、退化或丢失时仍然能够满足功能需求。资源性描述了当存在可能对系统或系统组成元素的潜在威胁时所具有的识别问题、确定优先事项以及调动资源的能力;资源性还可以进一步概念化为包括应用材料(即货币、物理、技术和信息)和人力资源以满足既定的优先事项并实现目标。快速性描述了系统及时满足优先事项和实现目标以减小损伤扩大的能力。为了描述韧性的不同维度,Bruneau 等人将系统的"4R 特性"进一步概念化为 4 个互相关联的维度:技术、组织、社会和经济,并提出了"TOSE"模型。"TOSE"模型中的技术韧性是指物理系统(包括组件、组件的互连和相互作用以及整个系统)在地震破坏下能够达到可接受/期望的水平。组织的地震韧性是指管理关键设施并负责执行与灾害有关的关键职能的组织能力。韧性的社会层面包括专门设计的措施,以减少社区因地震失去关键服务(例如供水、电力等关键基础设施服务)而遭受的负面后果。经济维度的地震韧性是指具有的减少地震灾害造成的经济损失的能力。此外,"TOSE"模型认为不同维度之间不是独立的,可以通过对系统采取社会和经济维度的措施来影响系统的组织和技术韧性,进而提高系统的地震韧性。"TOSE"模型为多维度研究基础设施系统的地震韧性奠定了基础。从多维角度考虑供水系统的地震韧性时,来自不同学科的研究人员通常侧重于寻找影响水系统地震韧性的变量。

一些研究通过数学模型验证了特定因素对供水系统地震韧性的影响。Chang 和 Shinozuka 使用"恢复程度"来量化灾前和恢复后供水系统性能的差异[142],他们在研究中通过性能响应函数,验证了在应急响应阶段,恢复资源和恢复速度是影响系统组织和技术韧性的因素。Kouli 等人应用地理信息系统(GIS)构造了一个基于管道长度分布、建造细节(管道材质类型)、城市以及经济 4 个参数的功能函数[147],用于评价场地效应显著以及存在显著空间差的供水系统的地震风险,并通过对克里特岛查尼亚市供水系统的分析验证了在地震灾害情况下局部岩土性质的重要性。Laucelli 和 Giustolisi 使用美国生命线协会制订的脆弱性曲线计算管道失效概率,将最坏的管道故障场景识别为未满足需求和发生概率之间的权衡,将其描述为一个多目标组合问题,并使用多目标遗传算法作为优化策略进行求解[148]。研究表明,隔离阀系统的特性(阀门的数量和位置)可能会显著影响网络的整体脆弱性,因此提出隔离阀系统的优化设计(或升级)建议以降低供水管网的脆弱性。Cimellaro 等人将供水系统配水管网的地震韧性视为"暂时无水用户数量""水箱水位"和"水质"的乘积[139],通过对位于地震带的意大利南部小镇供水系统的敏感性分析,验证技术、社会和环境影响因素对供水系统地震韧性的影响。Mazumder 等人使用概率功能脆弱面方法分析了环境和技术因素(包括修复断裂的时间、断裂的数量、网络拓扑、腐蚀水平和公用事业公司的可用资源等)对供水系统地震韧性的影响[149]。还有一些研究通过韧性曲线来分析不同因素对供水系统地震韧性的影响。例如,Yoon 等人通过韧性曲线分析了地震烈度和供水系统对电力设施的依赖性对城市供水网络地震韧性的影响[150],Xi-rong 等人基于地震概率、灾后后果及恢复时间构建了韧性曲线[151],并以中国某城市供水系统为例,以场地条件、管径和地震烈度为参数,计算该系统的震害率,通过比较不同损伤率下的系统韧性曲线,验证了损伤率对系统的地震韧性具有显著影响。此外,基础设施之间的级联效应对供水系统地震韧性的影响也被广泛关注,例如使用脆弱性曲线[152]以及随机规划[153]研究电力系统对供水系统的影响。

还有一些研究根据真实地震灾害数据分析了影响供水系统地震能力的因素。Mostafavi 等人根据 2015 年尼泊尔地震的相关数据(机构访谈、灾后评估报告等)[102],从经济、技术、组织和环境等方面对影响发展中国家供水系统地震韧性的综合因素进行了定性研究,并强调了由于存在社会、经济以及政治背景的差异[154],发展中国家与发达国家基础设施的灾害韧性能力和性质存在显著区别。Mostafavi 等人的研究结果强调了在发展中国家更好地理解人类基础设施耦合、适应能力和慢性压力下的系统转换对于基础设施系统韧性分析的重要性。Pribadi 等人分析了 5 次破坏性地震灾害的相关数据[155],总结了影响印度尼西亚供水系统等关键基础设施地震韧性的技术和环境因素。Didier 等人对 2015 年尼泊尔地震加德满都山谷的供水系统和电力系统进行了分析[156],发现灾后需求的变更会很大程度地影响基础设施及其所在社区的地震韧性。Davis等人对震后火灾的风险进行了评估[157]，开发了一个模型用以量化5种地震场景的消防用水需求，并使用1994年北岭地震数据进行了验证，他们的研究结果强调了消防供水设计的重要性。Bellagamba等人使用自行开发的遗传算法对2011年2月22日克赖斯特彻奇6.2级地震后当地供水系统的恢复进行了研究[158]，验证了城市供水管网与泵站电力的可用性密切相关。

此外，还有一些研究通过文献综述和专家访谈等方式，探讨了供水系统地震韧性的多维潜在影响因素。Balaei等人在"TOSE"模型的基础上进一步考虑了环境因素来分析供水系统的地震韧性的影响因素[29]，提出了包括技术、经济、社会、环境和组织5个维度的"CARE"模型来评价供水系统地震韧性以及相应的评价步骤。基于"CARE"模型，Balaei等人在随后的研究中进一步讨论了社会影响因素[50]、技术影响因素[159]和经济影响因素[160]，并使用新西兰和智利的地震场景验证了这些因素对供水系统地震韧性的影响。Zhu等人通过半结构化专家访谈以及焦点小组的方式[161]，从定性角度对2015年尼泊尔加德满都山谷的供水系统和电力系统地震韧性进行了研究。研究证明了基础设施系统固有的脆弱性（例如，老化的基础设施、水资源基础设施缺乏维护）、缺乏准备（例如，缺乏灾后恢复和基础设施恢复的资金以及缺乏应急管理计划等）、缺乏熟练的员工以及官僚延误是影响尼泊尔基础设施系统地震韧性的重要负面因素。与之相对应的是，政府层面（如调动材料和设备的能力）和非政府层面（如家庭用水储备等）的冗余性和适应能力，以及地震前在供水系统之间建立的伙伴关系都有助于震后应急响应的跨部门合作。

现有研究表明，供水系统地震韧性影响因素是评价供水系统地震韧性的前提和基础，供水系统地震韧性的研究焦点从技术维度向技术、组织、环境、社会和经济等多维方向发展。文献中的每项研究都有助于对供水系统地震韧性的了解。然而，由于研究对象和目标不同，研究中涉及的影响因素的名称和含义并不一致。目前，对供水系统地震韧性影响因素还没有形成一个广泛认可的清单。韧性需要多尺度、通用和多维的度量[162]，考虑到这些维度之间相互存在影响关系，在评价系统韧性时，需要综合考虑各维度因素及相互之间的关系。

2.5.2 供水系统地震韧性研究的时间特性

在基础设施系统灾害韧性研究中，将系统服务能力恢复到灾前水平是否是最有利的选择是研究争论的焦点[35]，基于对这个问题的不同观点，系统灾害韧性的研究经历了从静态到动态的转变。基于传统工程学的观点，韧性是指在不良事件发生前恢复到相同（稳定）状态，因此将系统灾害韧性视为静态的结果[35, 163-167]。当把韧性视为静态的结果时，研究者们分别对供水系统备灾阶段的缓解措施，响应阶段的应急响应能力[168]以及灾后恢复阶段的恢复能力[169, 170]进行了研究。

然而生态学的观点则认为韧性是指适应性恢复，例如，如何应对、恢复和适应新的条件。因此，基于生态学的韧性观点允许系统在潜在的破坏之后，存在不同的平衡条件[35, 127, 164, 165]，即允许系统在灾害后恢复到与灾前不一致的水平（大于/等于/小于）。当允许系统灾后恢复到与之前不同的状态时，灾害韧性则不再是一个静态的结果，而是一个动态的过程[35, 171, 172]。Leire 等人认为稳态（静态概念）是第一代韧性思维，而以增长和发展为目标的动态概念则是第二代[173]韧性思维。当考虑到之前的研究尚未关注到具有不确定性的重要动态成分时，韧性的概念开始改变，不再被视为系统的固有特征，而是一个不断演变向前发展的过程[35]，当考虑到灾后重建带来的机会时，韧性中的恢复能力更倾向于恢复到比灾前更好的状态[31]。当把韧性当成动态的过程进行考虑时，一部分研究者主要从技术角度对基础设施系统灾前、灾中和灾后的韧性状态以及相应的韧性改善措施进行了研究[171, 174]。

Francis 和 Bekera 致力于从技术角度动态地研究基础设施灾害韧性[171]，建立了一个基于基础设施灾害韧性的关键能力（适应能力、吸收能力以及灾后恢复能力）的框架，将专家的主观知识与基础设施可恢复性评估相结合，根据绩效水平和恢复时间进行动态评估。该研究以电力系统为例,从技术维度考察了灾前、灾中及灾后3个阶段基础设施系统的韧性与影响因素之间的动态变化关系,但是缺乏对经济、社会、组织等其他维度相关性的考察。

Tierney 和 Bruneau 建议使用"韧性三角"(Resilience Triangle)的时变性能 $Q(t)$ 来定量描述系统的韧性(见图2.5)[175]。即在特定的灾害事件中,韧性的变化通过基础设施的性能随时间变化来表示。韧性增强措施的目的是减小基础设施在灾害中的性能损失(即图2.5中绿色韧性三角的面积)。"韧性三角"在"TOSE"模型的基础上,进一步阐释了基础设施系统地震韧性的时变特性,但没有运用到工程实践中。

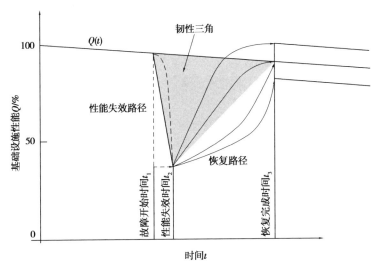

图2.5 韧性三角的概念[176]

Pagano 等人在"TOSE"以及"韧性三角"概念的基础上[145],建立了一个系统动力学模型,用以多维动态地评估城市供水系统在发生灾难时提供满意服务的能力,并以拉奎拉地震进行实证研究,模拟了地震灾害发生后的应急响应阶段以及灾后恢复阶段供水服务能力与经济、社会、组织和技术之间的动态变化关系。该模型通过对灾害情况下供水基础设施系统与社区之间的反馈机制和相互关联性进行分析,以实现对供水系统灾害韧性的动态测量。但是,该模型没有考虑自然环境因素(如地形、气候等)对供水系统的影响。Balaei等人认为,在考虑基础设施韧性时,环境因素是不可忽略的重要方面[29]。此外,"SDM"模型只关注灾害发生后的应急响应和灾后恢复阶段,然而由于外部干扰(自然灾害及人为干扰等)以及系统内部的损耗(例如管网老化),一些原本具有较高韧性的供水系统的地震韧性能力可能随着时间下降[34],因此地震灾害发生前的备灾阶段对供水系统地震韧性状态的监测也同样重要。

Didier等人[177]基于需求-供应关系(Demond-Supply)提出了衡量基础设施系统灾害韧性的"Re-CoDeS"模型(Resilience-Compositional Demand/Supply),通过分析震后社区服务需求以及基础设施服务提供的动态变化,从组件和系统层面研究基础设施韧性的不足并采取相应的改进措施。基于"Re-CoDeS"模型,Dider等人对社区地震韧性[178]、电力系统地震韧性[179]以及供水系统地震韧性[156]进行了评价。"Re-CoDeS"模型从需求和供应出发系统地考虑了灾后基础设施服务能力的动态变化,但是没有考虑备灾阶段系统服务能力的变化。对于地震灾害管理周期来说,备灾阶段是3个周期中相对最长的阶段,在破坏性地震发生前,由于外部环境的干扰和系统内部损耗,具有较高地震韧性的供水系统的韧性可能随时间而衰退,从而无法在地震灾害中提供必需的供水服务能力,因此,在考虑供水系统地震韧性时,需要考虑备灾阶段的情况。

此外,Sharifi还对文献中36种韧性评价工具进行了综述[41],发现现有的大多数韧性评价工具都很难有效评价包括吸收、适应和恢复在内的多维韧性能力。而且,现有的大多数韧性研究方法缺乏覆盖所有灾害管理阶段的能力[37]。最新的研究指出,社区总是处于两次灾害之间(过去和未来),对过去灾害的韧性影响社区对未来灾害的韧性状态[31],应关注韧性影响因素之间的动态联系[160],并基于灾害管理周期评价灾害韧性状态。

2.5.3 供水系统地震韧性研究的空间差异

从地理角度来看,韧性研究的尺度从大到小分为4个级别:全球、国家、社区和家庭/个人[162]。其中,最常见的地震韧性测量水平是社区水平,即韧性社区[180]。社区地震韧性水平取决于供水系统等关键基础设施的灾害韧性水平[29]。供水系统提供关键服务,以实现、保护和改善生活条件[11],系统的任何中断都会给社区带来不便。按政治边界来划分,社区级别的灾害韧性可以进一步划分为城市地区(市、区和县)以及农村地区[29]。为了改进地区或社区层面的灾害韧性评价,Cutter 等人提出一组衡量灾害韧性的候选变量集,并构建了"DROP"模型,用于比较不同地区或社区层面的抗灾韧性[180],他们在随后的研究中基于"DROP"模型提出了一套基本指标用于衡量社区的基线特征,以促进社区灾害韧性建设。通过建立基线条件,可以监测特定地点的韧性随时间的变化,并对不同区域的地震韧性进行横向比较。他们将这套指标运用于美国东南部的县域研究,结果发现灾害韧性存在空间差异,尤其是在城乡分水岭地区,大城市地区的抗灾能力高于农村地区,而且韧性的驱动因素也存在空间差异[32]。大量的研究结果证实了灾害韧性的空间差异[181-185],城市地区的韧性普遍高于农村地区。

作为城市的关键生命线,城市供水系统的地震韧性受到了研究者的广泛关注,并取得了丰硕的研究成果[44,70,76,133,136,139,142,150,151,174]。然而,却鲜有对农村供水系统地震韧性的相关研究。当考虑到农村供水系统运营阶段如何应对地震灾害的破坏时,部分研究者才关注到灾后重建的农村供水系统技术设计存在问题[186],还有部分研究者从震后传染病研究角度表达了对震后农村地区饮水安全的担忧[187,188],Hubbard 等人分析认为海地农村供水和卫生面临的主要困境是人员不足及缺乏专业培训[189],他们的研究描述了海地饮用水和卫生局与美国疾病控制和预防中心的合作情况及为264名海地农村地区饮用水和卫生技术人员设计和实施培训计划的情况,并分析了这些培训计划对海地农村供水的影响。Stewart 等人描述了关于秘鲁特鲁希略农村社区防灾和风险感知的研究[190],当地的农村居民一致认为地震和感染在所有灾难中具有最大的潜在影响,Stewart 等人的研究结果表明,应将紧急供水计划列入应对地震灾害的准备。然而,这些零碎而片面的研究都主要从地震灾害应急响应阶段的农村地区应急供水以及灾后的农村地区传染病等角度进行考虑,并未从农村供水系统本身出发,系统地考虑农村供水系统在地震灾害周期下应对地震的能力。包括中国在内,全世界对农村地区饮水安全的系统研究还主要集中在农村饮水制度[15,191-193]、农村饮用水水质[2,7,191,194-196]和水量的研究[197-199]方面。

鉴于农村和城市地区基础设施在灾害韧性以及韧性影响因素之间都存在较大差异[32,181,184],故城市供水系统地震韧性的影响因素以及评价指标均不能直接用于评价农村供水系统,城市供水系统地震韧性的影响因素以及农村现存的安全饮水制度、水质、水量等管理问题是否会影响农村供水系统地震韧性还处于未知阶段,尚需对农村供水系统地震韧性进行系统性研究。

2.5.4　供水系统地震韧性研究小结

基于以上对供水系统地震韧性研究的回顾,供水系统地震韧性的研究正趋向于基于灾害管理全周期下对多维因素动态关系的研究。作为城市关键生命线,对城市供水系统地震韧性的研究已有非常丰硕的研究成果,但是现有的研究仍然存在一些局限(例如,对环境维度的关注较少,现有的供水系统韧性评价方法很难覆盖灾害管理全周期下各维度之间的关系)。此外,由于韧性研究的城乡差异,农村供水系统地震韧性研究还是一个未知领域,鲜有学者系统地进行相关研究。由于中国地震灾害频繁,在乡村振兴、农村供水基础设施迅速发展的背景下,增强对农村供水基础设施地震韧性的了解将有助于决策者更好地制订农村供水系统应急管理计划,有助于农村防灾减灾体系的建立。

2.6　本章小结

本章首先介绍了本研究的两个核心概念:农村供水系统和韧性,明确本研究的研究对象。其次介绍了本研究涉及的基础理论支撑,并讨论了这些理论与本研究之间的联系,为后续研究奠定理论基础。在此基础上,确定本研究的研究范围。根据研究问题和研究内容对供水系统地震韧性研究动态进行综述,找到现有研究理论与中国农村供水系统现实问题之间的差距。

农村供水系统是公益性基础设施,属于排他性准公共物品范畴。由于农村供水系统的排他性准公共物品性质,不可避免地存在部分"搭便车"行为,由此带来的农村供水系统运营维护资金来源问题便成为当前农村供水系统运营管理阶段存在的主要问题,这些问题的存在是否影响农村供水系统的地震韧性是本研究关注的重点问题之一。此外,农村供水系统在地震灾害管理周期的不同阶段,涉及不同利益相关者,利益相关者对农村供水系统地震韧性的理解将影响他们对农村供水系统韧性建设的决策,因此,本研究在研究各阶段都将邀请农村供水系统主要利益相关者参与研究。由于供水系统地震韧性是一个动态的变化过程,本研究将基于灾害管理周期理论,讨论农村供水系统多维因素在地震发生前、中、后各阶段的动态联系以及对农村供水系统韧性状态的影响。由于农村供水系统地震韧性的评价涉及灾害管理周期下多阶段多维因素之间的动态联系,其定量评价十分复杂,博弈论和效用理论则为后续章节的方法比选奠定了理论基础。

本章对现有的供水系统地震韧性研究动态分3个方面进行了回顾分析:供水系统灾害韧性的研究趋势、灾害韧性研究的时间特性及灾害韧性研究的空间差异。从现有的供水系统灾害韧性文献研究来看:

(1)供水系统韧性研究从单一的技术维度向组织、经济、社会和环境等多维度发展,研究成果丰硕,但是存在空间差异,大部分韧性研究都聚焦于城市供水系统,而对农村供水系统尚未展开系统的地震韧性的相关研究;

(2)供水系统地震韧性的研究从静态向动态发展,研究强调关注韧性影响因素之间的动态关系;

(3)现有的研究大多集中于关注灾害管理周期某个单独阶段的研究(例如,备灾,应急响应或灾后恢复阶段)或者单个维度(如技术)在灾害管理周期的韧性状态,鲜有研究对灾害管理周期下系统的韧性进行综合研究。由此,本研究得出当前关于农村供水系统地震韧性评价存在以下3点理论空缺:

①缺少一套适用于农村供水系统地震韧性研究的影响因素清单。韧性指标将使各级政府能够将恢复力发展战略纳入缓解和准备计划[200]。与其他现象一样,在评估地震韧性之前,必须确定影响韧性的因素[29]。现有的研究主要集中于城市供水系统,鲜有针对农村供水系统的研究,由于韧性及其驱动因素存在空间差异,因此,在构建农村供水系统地震韧性评价体系之前,有必要开发一套适用于农村供水系统地震韧性研究的影响因素清单。

②需要构建灾害管理周期下农村供水系统地震韧性影响机制。基于已有文献的最新研究,供水系统地震韧性是一个动态的过程,在灾害管理周期各阶段,涉及多个利益相关者,受到多维因素的影响,这些因素并不一定相互独立,有必要构建反映这些因素之间因果关系的地震韧性影响机制,以便各利益相关者更清晰地了解农村供水系统地震韧性并积极参与系统韧性建设。

③需要建立与农村供水系统特点相符合的地震韧性评价模型。供水系统韧性评价模型涉及技术、经济、环境、社会和组织等诸多维度定性和定量的指标,并且在灾害管理周期各阶段可能还存在信息不完全的状态,因此需要构建合适的评价模型,以提高评价的科学性,更好地辅助决策者进行韧性建设。

3 农村供水系统地震韧性影响因素研究

3.1 引言

关于供水系统地震韧性的评价方法和模型中,韧性影响因素是最基本的信息输入部分,影响因素选择得恰当与否直接关系到模型能否准确评价系统地震韧性状态。本研究综合运用了文献回顾法、半结构化专家访谈法、问卷调查法以及数据分析技术的三角测量技术来识别农村供水系统地震韧性影响因素、分析地震灾害的发生对农村供水系统利益相关者识别因素重要性的差异以及通过探索性因子分析方法对农村供水系统地震韧性影响因素进行初步分组,研究结果将作为构建农村供水系统地震韧性影响机制的基础。根据研究目标,制订了本阶段的研究技术路线图(见图3.1)。

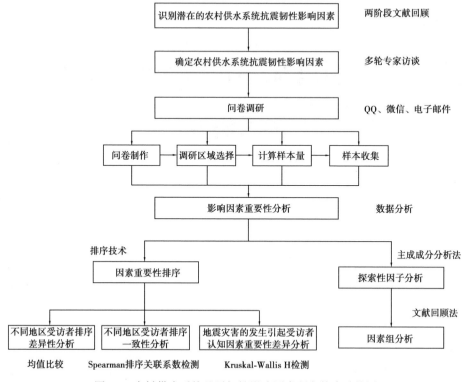

图 3.1　农村供水系统地震韧性影响因素研究技术路线图

3.2　识别农村供水系统地震韧性影响因素

3.2.1　基于两阶段文献回顾识别潜在的韧性影响因素

通过文献回顾法识别同类研究中常用的评估指标或影响因素是进行社会科学研究的常用方法,在灾害管理领域的因素研究中也被广泛使用[50,58,159,160]。遵循这种方法,本研究采用系统的文献回顾法分两个阶段识别潜在的农村供水系统地震韧性影响因素(见图3.2)。

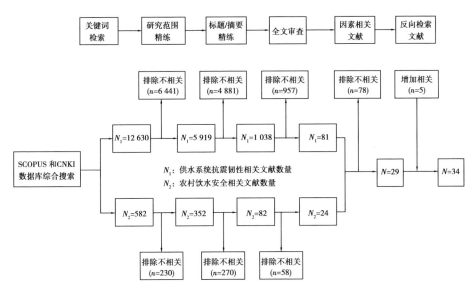

图3.2 农村供水系统地震韧性潜在影响因素相关文献检索流程

第一阶段,全面搜索国内外供水系统灾害韧性相关文献。本研究以SCOPUS为主要的英文数据库,CNKI为主要的中文数据库使用关键词进行检索,此处以SCOPUS数据库为例,搜索的关键词为:(TITLE-ABS-KEY(resilience)OR TITLE-ABS-KEY(disaster resilience)AND TITLE-ABS-KEY(infrastructure)> 2005 TO 2019。

根据这个方法,从两个主要的数据库中一共获取了13 212份相关文献。然后使用与供水系统韧性研究相关的关键词例如 infrastructure resilience、community resilience 等进一步精练文献至5 919份。阅读文献的标题和摘要对初选文献进行快速的初步识别和筛选,确定了1 038份文献需进一步分析。最后通过全文审查,将范围缩小到与供水系统备灾、应急响应及灾后恢复等阶段韧性研究相关的81份文献进行深入分析。

此外,根据第2章的文献回顾可知,韧性存在空间差异,并且韧性研究存在城乡差异,城市供水系统在地震韧性方面做了大量的定性和定量研究,然而包括中国在内的全世界的研究者,对农村地区饮水安全的关注还普遍停留在关注农村饮水制度[191, 192, 195]、农村饮用水水质[191, 194]以及农村饮用水的安全获取等方面[197-199]。因此,在第一阶段文献综述的基础上,本研究进一步根据农村饮水安全的相关研究,例如农村安全饮水工程管理、农村供水环境安全问题等文献来挖掘潜在的农村供水系统地震韧性影响因素。通过与第一阶段类似的搜索步骤,本研究选取了24份影响农村安全饮水的相关文献进行进一步的深入分析。

对以上两阶段文献检索得出的105份相关文献进行审查,筛选其中与供水系统地震韧性影响因素分析或农村饮水安全影响因素分析有关的文献共计29份,并通过反向文献检索总共获取了34份文献进行深入分析,共提取了47个潜在的农村供水系统地震影响因素并形成初始的影响因素清单(见表3.1)。

表3.1　农村供水系统地震韧性初始影响因素清单

序号	影响因素	序号	影响因素	序号	影响因素
1	冗余设计	17	地方依恋	34	系统智能设计
2	物理脆弱性	18	社会信任	35	气候条件
3	级联效应	19	灾后用水需求	36	法律和政策
4	独立的消防供水设计	20	运营维护资金	37	居民文化水平
5	地震预警监测	21	可用的资金来源	38	社会宣传
6	剩余的服务能力	22	快速融资渠道	39	居民就业率
7	系统恢复程度	23	地震烈度	40	GRP
8	地形	24	地震历史	41	水质
9	应急响应计划	25	重建模式	42	社会捐赠
10	社会参与率	26	地震发生时间	43	灾害意识
11	有效的伙伴关系	27	专业人员储备	44	GDP
12	领导力	28	系统维修记录	45	系统损坏程度
13	决策	29	家庭备用水源	46	系统恢复速度
14	应急供水	30	政治意愿	47	系统恢复所需成本
15	组织结构	32	定期资产评估		
16	危机洞察力	33	地下水存量		

3.2.2 多轮专家访谈形成农村供水系统韧性影响因素清单

由于研究目的不同,不同文献提出的韧性影响因素在名称、数量和含义上都存在区别。此外,文献综述提取的大部分供水系统地震韧性影响因素都是从城市供水系统的相关研究中获取的,通过文献综述获得的潜在影响因素在未经修正前不适合直接用于数据收集和进一步分析。因此,根据研究设计,本研究在文献回顾的基础上采用半结构化专家访谈对初始影响因素清单进行进一步筛选。通过对专业知识扎实、实践经验丰富的专家进行访谈,以获得专业建议,并对文献中总结出的因素进行进一步修正是获取恰当评价因素的有效方法[50]。从2020年7月到8月,共邀请到来自公共、私营和研究机构的10名专家参加了研究访谈。这些专家都是从多个机构挑选出来的,在研究的早期就开始介入,他们来自咨询公司(罗卡咨询)、地方政府(九寨沟县政府、汶川县经济商务和信息化局)、高等院校(四川大学、迪肯大学和成都理工大学)、应急管理部门(成都市应急管理局、九寨沟县应急管理局以及泸州市应急管理部门)、水务公司(绵竹市城乡给水一体化水务公司和珙县泓源水务公司)以及独立专家,至少有5年农村供水系统的相关经验(参与设计、建设、运营、应急救援或科研),并以各种方式参与过农村供水系统地震救灾活动。

为了确保因素筛选的稳健性,本研究通过对专家们进行多轮访谈来完成因素的筛选。首先邀请专家们对文献回顾形成的47个初始因素进行评论和修改。具体而言,专家们主要执行以下操作来筛选因素:①合并冗余指标。对文献中使用了不同描述词来描述类似项目的因素进行合并。例如,"社会信任""对政府的信任"和"对救援的信任"在本研究中统一合并为"社会信任"。②删除不适用因素。由于韧性的空间差异,部分用于描述城市地区的因素不适于农村地区。例如,不能清楚反映县域农村经济水平的"GDP"。③对部分因素进行修改,以突出农村供水系统的特征,例如,将"水质"替换成"环境污染"。近年来,中国农村地区环境污染问题日益凸显[201-203],无论是地震前存在的环境污染,例如养殖污染、工业污染等,还是地震破坏引起的环境污染,都对农村地区水质安全造成巨大的潜在威胁,专家们认为使用环境污染这个指标能更好地反映农村供水系统面临的环境问题。收集所有专家对初始因素修改的意见并进行汇总,根据专家们的修改意见,再次进行专家访谈。如果超过70%的专家同意修改某因素,则对因素进行相应的修改[50]。按照这个流程,最终确定了41个影响农村供水系统地震韧性的因素(见表3.2)。

表3.2 影响农村供水系统地震韧性的因素清单

序号	因素名称	参考文献	序号	因素名称	参考文献
CF01	替代水源	[29,34,40,102,145,204]	CF22	社会参与率	[32,40,159,160,205]
CF02	抗震设计	[29,34,205]	CF23	危机洞察力	[32,36,50,205]
CF03	应急电力	[40,102,204]	CF24	地方依恋	[32,36,50,205]
CF04	独立消防供水设计	[22,34]	CF25	社会信任	[50,205]
CF05	专业人员储备	[161,191,195,196]	CF26	家庭备用水源	[102,161,197]
CF06	地震预警监测	[160,161]	CF27	应急供水	[34,36,145]
CF07	剩余服务能力	[34,40,145]	CF28	可用的资金来源	[29,34,145,160]
CF08	系统恢复程度	[34,102,142]	CF29	GRP	[194,195,199]
CF09	智能故障监测	[40,102,195,206]	CF30	快速融资渠道	[29,34,160]
CF10	维修记录	[102,161]	CF31	就业率	[29,36,162,195,204]
CF11	应急响应计划	[29,32,36,102,144,204]	CF32	运营维护资金	[102,161,192]
CF12	应急演练	[36,207]	CF33	定期资产评估	[36,102,206]
CF13	有效的伙伴关系	[36,161,204,205,207]	CF34	地下水存量	[102,195,199]
CF14	领导力	[36,205,207]	CF35	地震烈度	[104,142,208]
CF15	决策	[36,207]	CF36	地震历史	[104,142,162,208]
CF16	政治意愿	[36,198,206]	CF37	地震发生时间	[29,102,209]
CF17	法律和政策	[192,193,198]	CF38	地形	[162,180,182]
CF18	组织结构	[34,36,102,207]	CF39	气候条件	[162,195,206]
CF19	居民文化水平	[32,50,161,205,208]	CF40	环境污染	[192,194,195,197]
CF20	灾后用水需求	[29,34,102,145]	CF41	重建模式	[142,210,211]
CF21	社会宣传	[29,34,36,195]			

3.3 样本数据收集

3.3.1 问卷制作

基于两阶段文献综述以及多轮专家访谈确定的农村供水系统地震韧性影响因素清单(见表3.2),本研究通过网络问卷平台"问卷星"制作结构化网络问卷来收集样本数据。网络问卷包括3个部分:第一部分是问卷说明,主要描述本问卷调研的研究背景和研究目的。第二部分是受访者基础信息填写,为确保受访者能尽量真实有效地回答调研问题,本次调研的受访者姓名及其所在单位名称等个人隐私信息都未要求填写以减小受访者个人及工作单位信息被泄露的风险。第三部分是农村供水系统地震韧性影响因素重要性调查,这是问卷的核心部分,要求受访者使用5分制李克特量表对列出的41个农村供水系统地震韧性影响因素重要性进行打分,其中1分和5分分别代表因素最低和最高的重要性水平。

3.3.2 研究区域概况

中国地震灾害频繁,但是地震在全国范围内发生的频次以及造成的破坏程度并不均衡。由于南北地震带把中国分成东、西两个部分,西部地区发生的地震灾害在频度和烈度上都远高于东部地区,四川省位于中国南北地震带区域,是全国遭受破坏性地震最多的省份之一(见图3.3)。

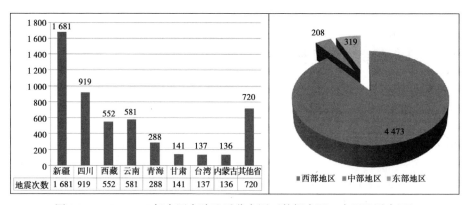

图 3.3　2012—2019 年中国大陆地震分布图（数据来源：中国地震台网）

四川省的地震灾害不仅频繁，而且破坏性极大。根据中国地震台网记录，2000 年到 2020 年，中国大陆总共发生了 5 次 7 级以上的大地震，其中综合影响最大、后果最严重的 4 次地震都对四川省造成了巨大的影响（玉树地震对四川省石渠县 23 666 居民造成影响），带来了巨大的人员伤亡和财产损失（见表 3.3）。此外，由于这些地震震中均处于农村地区，对当地的农村供水工程造成了巨大的破坏，直接导致大量的农村居民震后缺水（见表 3.4）。鉴于地震灾害对四川省农村供水系统的巨大威胁，本研究决定选取四川省地震多发地带农村作为调研区域。

表 3.3　2000—2020 年中国大陆 7 级以上地震造成的损失统计表

序号	年份	地震事件	震级	省份	人员伤亡情况	灾后重建总投资	数据来源
1	2017	"8·8"九寨沟地震	7.0	四川	25 人死亡,5 人失踪,543 人伤病	118 亿元	《"8·8"九寨沟地震灾后恢复重建总体规划》
2	2013	"4·20"芦山地震	7.0	四川	176 人死亡12 614 人受伤	801.1 亿元	《芦山地震灾后恢复重建总体规划实施方案》

序号	年份	地震事件	震级	省份	人员伤亡情况	灾后重建总投资	数据来源
3	2012	"2·12"于田地震	7.3	新疆	0	—	—
4	2010	"4·14"玉树地震	7.1	青海	2 698人死亡 270人失踪	320亿元	《玉树地震灾后恢复重建总体规划实施方案》
5	2008	"5·12"汶川地震	8.0	四川	69 222人死亡，374 638人受伤，18 176人失踪	10 000亿元	《汶川地震灾后恢复重建总体规划》

注：*新疆于田地震由于居住人口较少，造成的破坏较小，没有统计灾后重建投资数据；靠近青海的四川省石渠县为玉树地震灾区。

表3.4　大地震对农村供水系统造成的破坏后果

序号	震级	年份	震中位置		农村集中供水工程震损情况/处	震后缺水农村居民/人	数据来源
			县域	城市/农村			
1	7	2013	芦山县	农村	1 727	850 000	新华社报道[21]
2	7.1	2010	玉树县	农村	1 123	82 800	青海玉树地震灾后恢复重建水利规划简述[20]
3	8.0	2008	汶川县	农村	49 949	9 555 000	中华人民共和国国务院新闻办公室[22]

3.3.3　确定样本量

在收集样本数据前,为了确保收集的样本能有效地描述研究对象的总体特征,需要确定样本数量的基本要求。由于四川省并非所有农村供水系统都受到地震灾害的影响,本研究选取四川省地震多发地带农村供水系统作为调研对象。2019年7月,四川省水利厅公布了全省千人至万人农村集中供水工程所在地及各级负责人的联系方式[212],其中有1 296处农村集中供水工程位于地震断裂带影响区域,本研究针对这1 296处农村集中供水工程进行数据收集。

为了获得具有统计代表性的人口样本,本研究使用了Kish(1965)方程[213]。当置信区间为95%时,通过以下公式算出Kish推荐的安全样本数:

$$n = \frac{k}{1 + \frac{k}{N}} \quad\quad\quad (3.1)$$

其中,n表示确定样本数量,N表示总体数量;k代表不确定总体下的样本数量,根据式(3.2)可得:

$$k = \frac{T^2}{M^2} = \frac{0.5 \times (1 - 0.5)}{0.05^2} = 100 \quad\quad (3.2)$$

其中,M是指总体样本的标准差,本研究中置信度水平为95%,则M值为0.05。此外,T^2是指总体样本的标准误差方差,满足以下方程:

$$T^2 = P(1 - P) \quad\quad\quad (3.3)$$

根据Kish的推荐,P值取0.5。将相关的参数值分别代入式(3.1)—式(3.3),可以得出本研究需要的最小样本数为93个:

$$n = \frac{k}{1 + \frac{k}{N}} = \frac{100}{1 + \frac{100}{1\,296}} \approx 93 \quad\quad (3.4)$$

3.3.4 样本收集

为了避免区域偏差,在抽样前应进行科学的抽样设计,以获得可以反映研究区域总体区域特征的样本。根据专家意见,本研究按地震带的分布将四川省农村地区划分为4个区域进行数据收集,以尽可能地获取反映四川省不同区域特征的农村供水系统样本数据。由于新冠疫情的影响及疫情防控要求,本次问卷调研通过"问卷星"制作结构化的网络问卷,主要通过电子邮件、QQ、微信等方式进行发放。本研究向300名位于农村地震多发地带的农村供水系统利益相关者发送了结构化网络问卷(见表3.5),收集时间从2020年9月到2021年2月,历时半年。

表3.5 调研问卷发放计划

地震影响区域	农村供水系统所在地	目前农村集中供水工程总数	问卷发放量
四川北部	阿坝州、广元、绵阳、德阳、成都	568	155
四川西部	甘孜州、雅安	177	40
四川南部	凉山州、乐山	254	50
四川东部	达州、广安、宜宾	297	55

3.4 农村供水系统地震韧性影响因素分析

3.4.1 因素重要性判定标准

为确定不同影响因素对于农村供水系统地震韧性的相对重要性,本研究采用相对重要性指标技术(Relative Importance Index technology,RII)来判定因素的相对重要性。这种方法在确定因素重要性分析时常被采用[214],其计算公式为:

$$RII = \sum_{j=1}^{5} \frac{j \times x_j}{5 \times N} \tag{3.5}$$

式中,RII表示某因素的相对重要性指标;j表示因素的评分等级($1 \leqslant j \leqslant 5$);$x_j$表示所有样本中评分等级为$j$的样本数量;$N$表示样本总量。

本研究问卷采用的是5分制李克特量表,因此RII的值介于0到5之间。所有因素根据RII的大小采取降序排列方式,在排序过程中,如果存在两个以上的因素均值相同时,则比较因素的标准差大小进行进一步排序,标准差大的排名靠前[215]。同时,为确定农村供水系统地震韧性的重要影响因素,本研究根据 Ikediashi 等人推荐的方法确定本研究影响因素的判定阈值为 3[216],即当某个因素的 RII 值大于 3 时,该因素被视为重要因素,否则被视为不重要因素。

3.4.2　因素重要性差异分析方法

相对洪水等自然灾害来说,地震灾害破坏性更大,但发生概率较低,大部分中国农村供水系统利益相关者都没有经历过破坏性地震灾害。灾害的发生会影响利益相关者对韧性的看法,从而导致他们在实施恢复力实践中做出不同的决定[103]。农村供水系统运营管理者是农村供水系统运营阶段最主要的利益相关者,在农村供水系统地震灾害管理的各个阶段都起着重要作用,是农村供水系统韧性措施的实践者,因此,本研究主要从农村供水系统运营管理者角度来讨论影响因素的重要性,并重点讨论地震灾害发生造成农村供水系统利益相关者对因素重要性的认知差异。

本研究从两个方面探讨了地震灾害对利益相关者认知因素重要性的影响。首先根据传统的因素重要性排序进行直观分析。由于影响因素众多,为了突出分析重点,本研究仅对排名前 20% 的关键因素进行分析。排序性差异分析仅反映了地震灾害的发生对利益相关者认知因素重要性的相对差异,为了进一步分析地震灾害发生是否造成认知因素重要性的绝对差异,还需要通过单因素方差分析(One-way ANOVA Test)或者非参数检验方法进行分析,具体检测方法的选择取决于样本数据是否服从正态分布。因此,在进行因素重要性绝对差异分析前,本研究首先通过 Kolmogorov-Smirnov 检验来确定样本的分布情况,观测所有变量的显著性水平(P 值),如果 P 值大于 0.05,说明变量样本服从正态分布,采用 One-way ANOVA Test 对以上假设进行检测;如果各变量的 P 值小于 0.05,则说明样本不服从正态分布,采用 Kruskal-Wallis H 非参数检验方法进行检验。

以上两种差异分析,均从局部角度分析四川省不同区域农村供水系统利益相关者对因素重要性的认知差异。为了从总体角度分析来自四川省不同地区农村供水系统利益相关者对因素重要性的认知偏好,本研究使用Spearman排序相关系数进行进一步分析。根据式(3.6)计算Spearman排序相关系数(r_s):

$$r_s = 1 - \frac{\sum x_i^2}{n(n^2 - 1)} \tag{3.6}$$

其中,x_i表示第i个元素在两组排序中的差异,n表示因素的数量。

r_s的变化范围是$[-1, 1]$,其中"−"和"+"分别代表正相关和负相关关系,系数的绝对值大小表示数据之间关联性的强弱,系数为0表示无任何关联关系。根据Pallant(2009)建议的评价标准,关联系数的绝对值大于或等于0.5,且满足Spearman系数显著($P<0.05$)[217]时,表示两组数据间存在很强的关联性。

3.4.3 基本的统计分析

1)样本数据描述性分析

根据研究计划,本研究共回收了135份调查问卷,其中12份被判定为无效(9份调查问卷中41个因素的重要性选项得分均为1分或5分,另外3份调查问卷的响应时间明显短于其他调查问卷,不足1 min)。123份有效问卷超过了前面计算的最低样本需求量(93份),因此,调查问卷被认为具有代表性。同时,与灾害管理领域的类似研究相比,Mojtahedi等人在研究利益相关者属性对灾后恢复项目绩效的影响时获取的有效问卷仅为37份[58],本研究123份有效问卷被认为是足够的。

样本数据的可靠性直接关系到研究结果的准确性和有效性,本研究首先通过SPSS20.0检测样本数据的可靠性,结果表明样本数据的 Cronbach α 系数为0.967,超过了推荐的0.7[222],说明此次问卷收集到的样本数据是可靠的,可以进行进一步的统计分析。

表3.6总结了受访者的基本背景情况。超过80%的受访者具有5年以上的相关工作经验,大多数受访者经历过当地农村供水系统的抗震救灾(76.62%)。

因此,本研究中的大多数受访者在农村供水系统的运营和管理方面具有丰富的实践经验,能够从农村供水系统运营管理者角度恰当地表达意见。此外,根据表3.6中的统计数据,A组有94名受访者(受访者至少参加过一次当地农村供水系统的抗震救灾活动),B组有29名受访者(受访者没有经历过当地农村供水系统的抗震救灾活动)。这与农村供水系统利益相关者的实际情况相反(实际上未经历过地震灾害的农村供水系统利益相关者人数远远大于经历过地震灾害的农村供水系统利益相关者的人数),这可以理解为经历过地震灾害的利益相关者对当地发生破坏性地震灾害的预期更高,因此更关注提升农村供水系统的抗震能力,而没有经历过地震灾害的利益相关者对所在区域的地震灾害预期较低,对问卷调查的配合度较低。此外,由于农村供水系统运营管理者是农村供水系统的主要利益相关者,是农村供水系统运营阶段韧性实践的主要执行者,因此本研究的调研对象主要是农村供水系统运营管理者(占所有受访者的78.86%),主要站在农村供水系统运营管理者角度对系统韧性的影响因素重要性进行分析。

表3.6 受访者基本情况

类 型		频次	所占比例/%
机构			
规划/设计		16	13.01
应急管理		10	8.13
农村供水系统运营管理人员	水务局	26	21.14
	水务公司	18	14.63
	村委会(供水协会)	49	39.84
相关工作经验/年			
<5		23	18.70
5~10		34	27.64
10~15		36	29.27
>15		30	24.39

类型	频次	所占比例/%
参加农村供水系统地震救灾次数		
0	29	23.58
1	57	46.34
2	16	13.01
≥3	21	17.07

2)影响因素重要性分析

根据计算出的平均值和标准差,将41个韧性影响因素按降序排列,直观比较受访者对因素重要性认知的差异(见表3.7)。

表3.7 农村供水系统地震韧性影响因素相对重要性排序

影响因素	总体排序 (n=123)		A组 (n=94)		B组 (n=29)		A、B两组组间差异
	RII	Rank	RII	Rank	RII	Rank	
领导力	4.492	1	4.517	3	4.436	2	0.081
替代水源	4.460	2	4.563	2	4.231	8	0.332
应急供水	4.452	3	4.517	5	4.308	5	0.209
运营维护资金	4.452	4	4.517	4	4.308	3	0.209
系统恢复程度	4.444	5	4.414	10	4.513	1	−0.099
重建模式	4.437	6	4.586	1	4.103	20	0.483
独立消防供水设计	4.429	7	4.506	6	4.256	7	0.250
地形	4.349	8	4.402	11	4.231	10	0.171
快速融资渠道	4.349	9	4.471	7	4.077	25	0.394
社会信任	4.333	10	4.425	9	4.128	18	0.297
专业人员储备	4.325	11	4.356	19	4.256	6	0.100
组织结构	4.317	12	4.356	17	4.231	9	0.125

续表

影响因素	总体排序 (n=123)		A组 (n=94)		B组 (n=29)		A、B两组组间差异
	RII	Rank	RII	Rank	RII	Rank	
地下水存量	4.317	13	4.368	16	4.205	13	0.163
决策	4.310	14	4.368	25	4.308	4	0.060
地震烈度	4.310	15	4.368	15	4.179	17	0.189
应急响应计划	4.310	16	4.391	12	4.128	18	0.263
法律和政策	4.286	17	4.379	13	4.077	23	0.302
剩余的服务能力	4.278	18	4.310	25	4.205	15	0.105
环境污染	4.262	19	4.379	14	4.000	28	0.379
应急电力	4.262	20	4.345	22	4.077	21	0.268
危机洞察力	4.254	21	4.276	26	4.205	12	0.071
抗震设计	4.246	22	4.345	21	4.026	27	0.319
灾后用水需求	4.238	23	4.460	8	3.744	37	0.716
维修记录	4.238	24	4.322	23	4.051	26	0.271
有效的伙伴关系	4.230	25	4.241	30	4.205	11	0.036
地震历史	4.230	26	4.241	29	4.205	12	0.036
应急演练	4.222	27	4.241	28	4.179	14	0.062
政治意愿	4.175	28	4.356	20	3.769	36	0.587
智能故障监测	4.159	29	4.195	35	4.077	22	0.118
可用的资金来源	4.159	30	4.276	27	3.897	34	0.379
地震预警监测	4.143	31	4.218	32	3.974	28	0.244
气候条件	4.127	32	4.207	33	3.949	29	0.258
社会参与率	4.127	33	4.230	31	3.897	32	0.333
定期资产评估	4.111	34	4.356	18	3.564	41	0.972
地震发生时间	4.095	35	4.103	38	4.077	23	0.026
社会宣传	4.056	36	4.126	36	3.897	31	0.229

续表

影响因素	总体排序 (*n*=123)		A组 (*n*=94)		B组 (*n*=29)		A、B两组 组间差异
	RII	Rank	RII	Rank	RII	Rank	
家庭备用水源	4.056	37	4.115	37	3.923	30	0.192
地方依恋	4.016	38	4.195	34	3.615	39	0.580
就业率	3.881	39	4.011	39	3.590	40	0.421
GRP	3.865	40	3.897	40	3.795	35	0.102
居民文化水平	3.825	41	3.874	41	3.718	38	0.156

总体而言,样本所有因素的平均值范围为3.825~4.492,均大于3,说明所有因素都是重要影响因素。值得注意的是,除系统恢复程度外,来自A组的受访者在所有其他因素上的得分均高于B组受访者,表明经历过地震灾害的受访者更加重视具体因素,即灾害的发生对农村供水系统的影响使供水系统运营管理者更加关注各因素对系统抗震能力的影响,这与经历过地震灾害的利益相关者更愿意配合问卷调查的结论一致。

3)影响因素重要性的相对认知差异分析

根据表3.7所示的因素重要性排序可知,地震灾害的发生导致利益相关者对部分因素的重要性认知产生了显著差异。根据帕累托定理,排名前20%的因素决定了80%的后果[222]。因此,排名前20%的因素被定义为关键因素。在本研究中,共有41个因素,前8个相对重要的因素被确定为最重要的前20%,因此本研究仅对排名前八的因素进行比较。

"领导力""替代水源""应急供水""运维资金"和"独立消防供水设计"是本研究中两组受访者共同认可的关键因素,其中领导力被认为是最重要的因素。Wang(2009)的研究表明,在自然危机中,领导者起着显而易见的重要作用。领导者采取道德领导方式(一种平等主义的领导方式,领导者在救灾工作中以身作则),这导致了比独裁领导更高质量的决策,而独裁领导的失败可能会带来严重的后果[219]。美国卡特里娜危机[220]和日本海啸灾后恢复项目的失败[221]揭示了领导管理不善的后果。在中国农村地区,由于灾难情景和乡镇体制环境的挑战,加强基层领导班子建设将有效提升当地应急管理能力[222]。

Bruneau等人将系统韧性描述为鲁棒性、冗余性、资源的可获取以及响应速度[34]。供水系统的冗余设计以及替代水源是影响系统韧性的重要因素[29, 34]。无论在何种灾害情况下,负责供水的机构都应确保供水服务不会中断[36]。也就是说,必须通过供水车辆、消防车或铺设临时管道为灾区人民提供应急供水。地震后供水中断可能引发次生灾害,例如1995年日本阪神(神户)灾后缺水引发的火灾[22]。因此,独立的消防供水设计至关重要[157, 223]。2008年汶川大地震后,中国政府发布了《地震灾区饮用水安全保障应急技术方案(暂行)》,讨论了震后应急水源的选择标准[224]。加德满都供水系统由于缺乏运营和维护资金、技术人员和系统信息,在地震发生前缺乏定期的维护和修复,系统运行状况不佳导致应对地震灾害的能力不足[102]。事实上,这些问题在农村地区将更加严重,因为农村地区的供水基础设施运营、维护和财务可持续性可能处于次优状态[225]。经历过地震灾害的受访者认为"重建模式"是最重要的因素(A组排名第一)。国际上,重建模式一般分为捐赠者驱动的重建模式和所有者驱动的重建模式。传统上,捐赠者驱动的重建模式通常被认为是更适合的重建模式。然而,一些研究表明,业主驱动模式更可取[226],特别是在考虑长期灾害韧性时[210]。在我国,汶川地震后重建模式主要采用对口援建模式。对口援建包括两种方式:第一种是交钥匙模式,类似于捐助者驱动的模式。在这种模式下,支持方负责整个施工过程,并采取主动,在大型或复杂项目中采用。第二种是支票交付模式,类似于所有者驱动模式。在这种模式下,支持方主要提供资金,施工过程由接受方(业主)独立施工,接受支持方的监督,并采取主动。由于技术限制,该模式主要用于小型或分散项目[227]。关于灾后重建模式与灾害韧性之间的联系,人们越来越达成共识[228, 229]。此外,"快速融资渠道"(在A组中排名第7位)和"灾后用水需求"(在A组中排名第8位)也被来自地震重灾区的受访者视为关键因素。大量研究将灾后快速融资渠道视为影响系统灾后恢复能力的重要因素[29, 34]。地震发生后,人们可能会从严重受损区域迁移到安全区域,例如临时救灾安置点。因此,与正常情况相比较,灾后用水需求可能会发生变化。在最极端情况下,如果供水系统被完全破坏,可能不会产生不良后果,因为人们一旦从危险区域撤离(如震毁的房屋),可能就没有用水需求。相反,对于临时救灾安置点和其他安全区域,由于灾后增加的人口导致用水量需求激增,即使此处的供水系统完好无损也可能无法满足用水需求[102]。因此,预测不同地点的灾后需水量至关重要。

没有经历过地震灾害的受访者将"系统恢复程度"列为最重要的因素(B组排名第一)。灾害除了造成破坏的直接消极影响,同时还提供了一个机会,即通过有效、有韧性的重建,改善生活在灾害风险区内人们的生活条件[230]。对于灾害发生前抗灾能力较弱的社区或基础设施系统,重建不仅应使该地区恢复到灾前状态,而且应超过之前的水平,以提高社区或基础设施系统的抗灾能力[34]。换句话说,重建是加强社区未来抗灾能力的机会[210]。"决策"和"专业人员储备"也被视为关键因素。决策被定义为明确的授权,使高技能工人能够做出适当的决策以应对灾害[231],这是影响供水系统组织弹性的一个重要因素[36]。由于人口密度低、服务面积广和收入限制,农村供水基础设施的运营、维护和财务可持续性通常不理想[2]。此外,农村供水系统往往缺乏专业的运营维护人员。这3个因素直接影响农村供水系统抵抗地震干扰的能力或自然灾害的能力,这表明非地震灾区的受访者认为该地区发生破坏性地震的概率较小,因此更加关注农村供水系统维持正常运行的能力。相对而言,经历过地震灾害的受访者对该地区再次发生破坏性地震的预期更大,因此更关注地震灾害发生后影响供水系统服务的一些特定因素。

4)影响因素重要性的绝对认知差异分析

通过因素平均值和方差排序检验了利益相关者对影响因素认知的相对差

异,在进行进一步的因素重要性绝对差异分析前,本研究首先通过 Kolmogorov-Smirnov 检验来确定样本的分布情况(见表3.8)。

表3.8 农村供水系统地震韧性影响因素单样本 Kolmogorov–Smirnov 检验

因素序号	因素名称	Kolmogorov-Smirnov 检验	P 值
CF01	替代水源	0.372	0.000
CF02	地震设计	0.264	0.000
CF03	应急电力	0.324	0.000
CF04	独立消防供水设计	0.340	0.000
CF05	专业人员储备	0.291	0.000
CF06	地震预警系统	0.285	0.000
CF07	剩余服务能力	0.272	0.000
CF08	系统恢复程度	0.314	0.000
CF09	智能故障监测	0.277	0.000
CF10	维修记录	0.283	0.000
CF11	应急响应计划	0.290	0.000
CF12	应急演练	0.261	0.000
CF13	有效的伙伴关系	0.265	0.000
CF14	领导力	0.352	0.000
CF15	决策	0.270	0.000
CF16	政治意愿	0.317	0.000
CF17	法律和政策	0.269	0.000
CF18	组织结构	0.282	0.000
CF19	居民文化水平	0.249	0.000
CF20	灾后供水需求	0.336	0.000
CF21	社区宣传	0.299	0.000
CF22	社会参与率	0.295	0.000
CF23	危机洞察力	0.266	0.000
CF24	地方依恋	0.239	0.000

续表

因素序号	因素名称	Kolmogorov-Smirnov 检验	P 值
CF25	社会信任	0.280	0.000
CF26	家庭备用水源	0.233	0.000
CF27	应急供水	0.358	0.000
CF28	可用的资金来源	0.301	0.000
CF29	GRP	0.287	0.000
CF30	快速获取资金	0.305	0.000
CF31	当地居民就业比率	0.235	0.000
CF32	系统运维资金	0.362	0.000
CF33	定期资产评估	0.290	0.000
CF34	地下水存量	0.291	0.000
CF35	地震烈度	0.284	0.000
CF36	地震历史	0.252	0.000
CF37	地震发生时间	0.281	0.000
CF38	地形	0.291	0.000
CF39	气候条件	0.284	0.000
CF40	环境污染	0.274	0.000
CF41	重建模式	0.349	0.000

由表3.8可知,所有因素的 P 值均小于0.05,说明所有因素均不服从正态分布。因此,本研究采用非参数估计方法——Kruskal-Wallis H检测法来检验灾害的发生导致利益相关者对影响因素重要性的绝对认知差异,检验的显著性水平设置为0.05。根据Kruskal-Wallis H检测法提出假设:

$$H_0: \mu_1 = \mu_2; H_1: \mu_1 \neq \mu_2$$

其中, H_0 表示样本所有的均值均相等, H_1 表示至少有一个样本的均值与其他样本存在统计学差异。经计算,A、B两组受访者方差的 Kruskal-Wallis H 及显著性水平(见表3.9)。

表3.9 A、B两组受访者方差的 Kruskal-Wallis H 分析

因素序号	因素名称	是否经历地震灾害	
		K_w值	P值
CF01	替代水源	2.882	0.090
CF02	地震设计	0.831	0.362
CF03	应急电力	1.898	0.168
CF04	独立消防供水设计	2.101	0.147
CF07	专业人员储备	0.838	0.360
CF06	地震预警监测	2.744	0.098
CF07	系统剩余的服务能力	0.700	0.403
CF08	系统恢复程度	0.675	0.411
CF09	智能故障监测	0.262	0.609
CF10	维修记录	4.623	**0.032**
CF11	应急响应计划	2.440	0.118
CF12	应急演练	0.115	0.734
CF13	有效的伙伴关系	0.325	0.569
CF14	领导力	1.069	0.301
CF15	决策	0.391	0.532
CF16	政治意愿	0.024	0.876
CF17	法律和政策	2.194	0.139
CF18	组织结构	0.627	0.428
CF19	居民文化水平	1.471	0.225
CF20	灾后供水需求	1.578	0.209
CF21	社区宣传	2.524	0.112
CF22	社会参与率	6.050	**0.014**
CF23	危机洞察力	0.433	0.511
CF24	地方依恋	10.217	**0.001**
CF25	社会信任	4.186	**0.041**
CF26	家庭备用水源	1.101	0.294

续表

因素序号	因素名称	是否经历地震灾害	
		K_w值	P值
CF27	应急供水	2.200	0.138
CF28	可用的资金来源	4.768	**0.029**
CF29	GRP	1.019	0.313
CF30	快速融资渠道	8.453	**0.004**
CF31	当地居民就业率	7.482	**0.006**
CF32	系统运维资金	1.285	0.257
CF33	定期资产评估	4.052	**0.044**
CF34	地下水存量	1.508	0.219
CF35	地震烈度	2.150	0.143
CF36	地震历史	0.002	0.968
CF37	地震发生时间	1.279	0.258
CF38	地形	2.238	0.135
CF39	气候条件	1.666	0.197
CF40	环境污染	6.410	**0.011**
CF41	重建模式	9.701	**0.002**

从表3.9中可以看出,41个因素中有10个因素具有显著差异,具体为:"维修记录"(CF10)、"地方依恋"(CF24)、"就业率"(CF31)、"定期资产评估"(CF33)、"社会参与率"(CF22)、"社会信任"(CF25)、"重建模式"(CF41)、"可用的资金来源"(CF28)、"快速融资渠道"(CF30)以及"环境污染"(CF40)。这表明,地震灾害的发生导致利益相关者对特定的韧性影响因素认知产生了差异。对于经历过地震灾害的受访者来说,这10个因素的重要性得分和排序都高于没有经历过地震灾害的受访者,证明这10个因素对来自地震灾区的受访者而言更重要。这10个因素中,有6个因素("就业率""重建模式""社会参与率""可用的资金来源""快速融资渠道"以及"定期资产评估")都和供水系统灾后重建

的经济韧性密切相关,过往的许多研究也强调了灾后重建资金对系统灾后恢复速度的重要性。此外,"维修记录""社会信任""地方依恋"和"环境污染"也通常被认为在一定程度上影响系统的灾后重建能力。因此,可以理解为来自地震灾区的受访者更加关注影响系统灾后恢复阶段能力的因素,而没有经历过地震灾害的受访者,由于对本地区发生破坏性地震的预期较低或者说没有经历过地震救灾以及灾后重建的过程,对影响供水系统灾后恢复能力的因素关注度相对较低。由于受访者在这些因素重要性认知上存在的显著差异,因此在评价不同农村供水系统的地震韧性时,需要关注这些因素赋权的差异性,不适合采用固定权重对所有的供水系统进行统一评估。然而,总体来说,该假设被证实为正确的,其中41个因素中有31个被证实,两组受访者对影响因素的重要性认知没有显著差异。

5)影响因素重要性的总体认知差异分析

以上两个分析均从局部角度分析了地震灾害的发生引起的因素重要性的认知差异,但来自不同区域的农村供水系统利益相关者在总体上对系统韧性影响因素的重要性的认知关联性和差异性没有得到反映。根据研究设计,本研究采用Spearman排序关联系数排序法对不同利益相关者关于因素重要性排序的一致性进行检测(见表3.10)。结果表明,影响因素的重要性排序在两组之间具有高度一致性和显著性($\rho>0.5$, $P<0.5$),这与先前局部差异性分析的结论一致。即虽然在部分因素的重要性认知上存在显著分歧,但利益相关者对系统韧性影响因素的重要性在总体认知上是基本一致的。

表3.10　A、B两组受访者关于影响因素重要性Spearman排序相关系数

配对组别	Spearman 排序相关系数	显著性水平
A—B组	0.845	0.000**

注:**.相关显著性水平为0.01。

3.5 农村供水系统地震韧性影响因素探索性因子分析

3.5.1 数据适合性检测

在过往的研究中,研究者们出于不同的研究目的,将韧性影响因素分成了不同的组别进行研究,但大部分研究都是从研究者的主观意愿出发进行分类,缺乏客观性。本研究在过往研究的基础上,根据样本数据采用探索性因子分析法对农村供水系统地震韧性影响因素进行降维分析,从而将众多的影响因素归类为几个内部相互关联的因素组,降低了需要分析的变量数目和问题分析的复杂性,为下一步使用结构方程模型构建农村供水系统地震韧性影响机制奠定基础。

进行因子分析前,需要先检测数据的适合性。本研究使用取样足够度的Kaiser-Meyer-Olkin(KMO)度量和Bartlett球形度检验来检测样本数据是否适合因子分析。取样足够度KMO系数取值范围是[0,1],当该系数大于0.6时则认为样本数据适合采用因子分析。执行Bartlett球形度检验时,如果显著性水平小于0.05,则认为因素之间存在显著相关性,可采用因子分析[232]。在本研究中,KMO值为0.903,高于建议阈值0.6,同时,Bartlett球形度检验显著性水平为0.000(见表3.11),说明各韧性影响因素之间存在显著的相关性,因此本研究采取因子分析是合适且可行的。

表3.11 农村供水系统地震韧性影响因素KMO度量和Bartlett检验

取样足够的KMO度量		0.903
Bartlett球形度检验	近似卡方	4 132.944
	df	820
	显著性Sig.	0.000

3.5.2　因子分析

样本数据检测完成后,为了确定利用最少的因素组来代表系统韧性影响因素,本研究采用PCA法进行因子旋转来提取公因子,并采用最常用的最大方差正交旋转法进行因子旋转,在执行因子旋转前,参考Kaiser准则,仅保留特征值为1.0或以上的因子。通过因子旋转最终确定各影响因素在各因子(因素组)上的负荷,本研究将各因素在因子上的负荷阈值设置为常规的0.5,负荷低于0.5则表明因素与该因子的关联性较小,故剔除。

根据以上设置,本研究采用SPASS20.0对样本数据进行因子分析,农村供水系统地震韧性影响因素碎石图如图3.4所示,通过PCA法总共提取了9个因子,其中包括37个因素,剔除负荷小于0.5的4个因素("应急响应计划""独立消防供水设计""地震预警监测""气候条件")。9个因子对所有因素的解释率为74.136%,具体如下:因子1(44.395%),因子2(5.658%),因子3(4.858%),因子4(4.039%),因子5(3.826%),因子6(3.265%),因子7(3.034%),因子8(2.619%),因子9(2.442%)(见表3.12)。

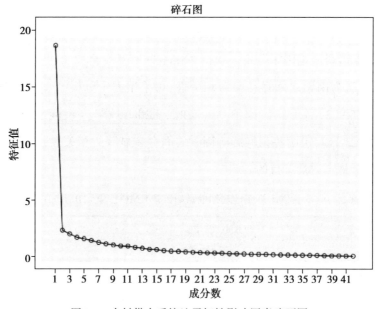

图3.4　农村供水系统地震韧性影响因素碎石图

表3.12 农村供水系统地震韧性影响因素因子旋转矩阵

成分	初始特征值			提取平方和载入			旋转平方和载入		
	合计	方差/%	累积/%	合计	方差/%	累积/%	合计	方差/%	累积/%
1	18.202	44.395	44.395	18.202	44.395	44.395	4.574	11.157	11.157
2	2.320	5.658	50.053	2.320	5.658	50.053	4.457	10.871	22.028
3	1.992	4.858	54.911	1.992	4.858	54.911	3.946	9.626	31.653
4	1.656	4.039	58.950	1.656	4.039	58.950	3.782	9.224	40.877
5	1.568	3.826	62.776	1.568	3.826	62.776	3.310	8.073	48.950
6	1.339	3.265	66.041	1.339	3.265	66.041	3.035	7.403	56.354
7	1.244	3.034	69.075	1.244	3.034	69.075	2.662	6.492	62.846
8	1.074	2.619	71.695	1.074	2.619	71.695	2.594	6.328	69.174
9	1.001	2.442	74.136	1.001	2.442	74.136	2.034	4.962	74.136
10	0.930	2.267	76.404						
11	0.906	2.211	78.614						
12	0.810	1.976	80.591						
13	0.740	1.805	82.395						
14	0.613	1.495	83.891						
15	0.588	1.434	85.325						
16	0.508	1.238	86.563						
17	0.467	1.139	87.702						
18	0.431	1.051	88.753						
19	0.416	1.014	89.767						
20	0.374	0.911	90.678						
21	0.337	0.821	91.499						
22	0.323	0.787	92.286						
23	0.316	0.771	93.057						
24	0.296	0.722	93.779						
25	0.258	0.630	94.409						
26	0.252	0.614	95.023						

续表

成分	初始特征值			提取平方和载入			旋转平方和载入		
	合计	方差/%	累积/%	合计	方差/%	累积/%	合计	方差/%	累积/%
27	0.237	0.577	95.600						
28	0.203	0.496	96.096						
29	0.202	0.492	96.588						
30	0.184	0.449	97.038						
31	0.162	0.395	97.433						
32	0.157	0.383	97.816						
33	0.147	0.357	98.174						
34	0.137	0.333	98.507						
35	0.125	0.304	98.811						
36	0.115	0.281	99.092						
37	0.102	0.249	99.341						
38	0.078	0.191	99.532						
39	0.074	0.181	99.713						
40	0.061	0.149	99.861						
41	0.057	0.139	100.000						

注：*提取方法：主成分分析。

3.5.3 结果与解释

本研究的最终旋转因子矩阵见表3.13。根据旋转因子矩阵中各因子负荷最大的因素含义以及因子内各因素之间的内在联系,本研究对提取的9个公因子分别命名为:G₁—环境脆弱性;G₂—资金保障;G₃—应急响应阶段系统的适应能力;G₄—灾后恢复阶段系统的恢复能力;G₅—社会意识;G₆—备灾阶段的组织韧性;G₇—备灾阶段的技术韧性;G₈—备灾阶段的社会韧性;G₉—备灾阶段的环境韧性。

表 3.13 旋转因子矩阵

因素	因子								
	1	2	3	4	5	6	7	8	9
地震历史	0.762								
地震发生时间	0.756								
居民文化水平	0.642								
就业率	0.640	0.556							
环境污染	0.587								
地下水存量	0.577								
系统运维资金		0.685							
重建模式		0.649							
可用的资金来源		0.636							
快速融资渠道		0.611							
社会参与率		0.583							
剩余服务能力			0.717						
应急供水			0.695						
灾后用水需求			0.695						
领导力			0.535						
智能故障监测			0.524						
系统恢复程度				0.760					
危机洞察力				0.680					
维修记录				0.570					
政治意愿				0.518					
决策				0.514					
专业人员储备				0.511					
地方依恋					0.712				
社会信任					0.638				
定期资产评估					0.557				
组织结构						0.597			

续表

因素	因子								
	1	2	3	4	5	6	7	8	9
地震烈度						0.593			
法律和政策						0.580			
应急演练						0.536			
气候条件									
应急电力							0.713		
地震设计							0.672		
替代水源							0.550		
社区宣传								0.691	
家庭备用水源								0.615	
GRP								0.506	
地形									0.593
有效的伙伴关系									0.527

注：*提取方法：主成分分析。

　　旋转方法：具有 Kaiser 标准化的正交旋转法。

　　旋转在 23 次迭代后收敛。

G$_1$——环境脆弱性。这个因子占比 44.395%，与其高度相关的 6 个因素分别是"地震历史""环境污染""地震发生时间""地下水存量""居民文化水平"以及"就业率"，其中影响最大的是地震历史。这个因子主要反映了在评价农村供水系统地震韧性时受访者对系统所在环境的脆弱性考虑。Mostafavi 等人研究了加德满都河谷地区的地震历史，发现该地区不可避免地会发生破坏性地震[102]。Zhang Xuteng 等分析了龙门山断裂沿线的地震历史，发现该地区地震多，自然环境脆弱，易受自然灾害的影响[208]。此外，地震发生的时间也与这一因素密切相关。例如，在干燥炎热的夏季发生地震将增加用水负担[29]。环境污染和地下水存量直接影响农村供水系统的水源水质和水量安全，2015 年 4 月，国务院出台了《水污染防治行动计划》，作为 2015—2030 年全国水污染防治工作的行动指南。生态环境部发布的2019年度水污染防治行动计划实施情况显示,截至2019年年底,水源环境得到很大改善,但水污染防治形势依然严峻,存在突出的水生态环境保护不平衡、不协调等问题,需要在后期的水污染防治行动中继续加强治理。此外,当地居民的文化水平和就业率通常被视为社会韧性的一部分,在一定程度上影响环境脆弱性[208]。此外,就业率同时与因子G_1"环境脆弱性"和因子G_2"资金保障"都有高度关联性,从而在一定程度上反映出通过因子分析得到的因子之间的关系并不完全独立。在提取的9个公因子中,"环境脆弱性"所占比例最大,超过其他因子的比例。由此可见,环境维度是影响农村供水系统地震韧性的重要因素。

G_2——资金保障。这个因子主要与5个因素密切相关,包括"系统运维资金""重建模式""可用的资金来源""快速融资渠道""社会参与率"。这个因子主要反映了农村供水系统在备灾、应急响应及灾后恢复各阶段提供供水服务能力所需要的资金保障。研究供水系统的地震韧性时,经济韧性一直是非常重要的维度[29,31,160]。这些因素的好坏情况将直接影响农村供水系统的经济状况,从而对灾害管理周期下系统的地震韧性产生影响。

G_3——应急响应阶段的适应能力。这个因子与5个因素高度相关,包括"剩余服务能力""应急供水""灾后用水需求""领导力""智能故障监测"。适应能力是指系统适应外部冲击的不良后果的能力[29,171]。地震发生后,当系统剩余的服务能力能够满足灾后用水需求时,不需要提供应急供水,当灾后需水量超出系统自身的剩余供水能力时,则需应急供水进行弥补。在应急响应阶段,决策者的领导水平直接影响灾后用水需求的满足程度。系统的智能故障监测设计,可以快速识别系统故障,避免系统损坏扩展[41],增强系统的地震灾后适应性。因此,这个因子主要反映了影响农村供水系统应急响应阶段适应地震破坏,提供必需的供水服务能力的因素。

G_4——灾后恢复阶段的恢复能力。这个因子与6个因素高度相关,包括"系统恢复程度""危机洞察力""维修记录""政治意愿""决策""专业人员储备"。系统灾后恢复阶段恢复能力可以用恢复速度来表示,系统恢复到可接受水平的速度越快,其恢复能力越强[34]。不同供水系统在灾后恢复重建的过程中对系统恢复程度的要求可能不同。随着区域经济和社会水平的发展,对于建设较早、灾前地震韧性水平较低的系统,灾后重建的系统恢复程度通常需要超过系统原有的服务水平[34]。由于地震造成的人员伤亡和基础设施破坏,存在潜在的危机,例如神户地震后的火灾[22]、海地地震后的霍乱[23]以及智利地震后的骚乱[50],影响了系统的恢复。对这些危机的洞察力越高,系统遭受二次破坏的概率就越低,系统的恢复能力也就越高。此外,完整的系统维修记录和足够的专业人员储备可以有效地缩短灾难系统的恢复时间。决策者的政治意愿和决策[36]也会影响系统的灾后恢复能力。因此,这个因子主要反映了影响农村供水系统灾后恢复阶段系统恢复能力的驱动因素。

G_5——备灾阶段的社会意识。这个因素组包括"地方依恋""社会信任"和"定期资产评估"3个高度相关的因素。人们对居住地的归属感及在灾害中对当地政府和军队的信任,使他们更愿意参与当地地震救灾和灾后恢复重建的活动。对供水系统资产寿命进行定期评估,在发生故障之前规划和实施修复或重置投资[204],也有助于供水系统对地震灾害的抵抗能力。因此,这个因子主要反映了地震发生前,影响农村供水系统备灾阶段地震韧性的社会驱动因素。

G_6——备灾阶段的组织韧性。在这一因素组中有4个高度相关的因素,即"组织结构""地震烈度""法律和政策"以及"应急演练"。组织结构、法律政策和应急演练[231]都是组织韧性的重要影响因素[36]。同时,不同烈度的地震对供水系统造成的破坏也不尽相同。当地震对供水系统的破坏超出本组织的能力时,就需要本组织以外的援助,甚至国际援助来应对灾害。例如,在尼泊尔地震中,34个国家派出人员参与实际救援[233]。因此,在评估系统的组织韧性时,应考虑地震烈度的影响。这个因子主要反映了备灾阶段农村供水系统组织韧性的影响因素。

G_7——备灾阶段的技术韧性。这个因素组包括3个高度相关的技术因素:

"应急电力""抗震设计"和"替代水源"。供水系统(包括供水管网和水厂等基础设施)的物理脆弱性及其灾后的恢复能力被称为韧性的技术维度,这一直是城市供水系统地震韧性研究的核心主题[161]。尽管增强系统的技术韧性可以提高系统的地震韧性,但是,如果不考虑资金预算、地理环境的限制以及后期的运营维护支持等因素,单纯地提升供水系统的技术韧性可能是无效的[50, 159],尤其是在经济和环境等条件都相对恶劣的农村地区。因此,这个反映备灾阶段影响农村供水系统地震韧性的技术驱动因素排在了9个因子中的第七位。

G₈——备灾阶段的社会韧性。这个因素组包括"社区宣传""家庭备用水源"和"GRP"3个高度相关的因素,其中社区宣传负荷最大。社区宣传是社会韧性的重要影响因素[36, 50]。包括储水罐、蓄水池和家庭自用水井等在内的家庭备用取水设备是中国农村地区以及供水系统不发达地区较为独特的家庭备用水源,它可以部分弥补地震灾害发生后集中供水工程中断后的饮用水短缺,但存在一定的水质安全问题,因为它不是在水务局和卫生当局的直接监督下开发的[102],水质安全得不到保证。此外,当地居民的平均收入水平也会影响震后恢复速度,例如,平均收入水平较高的地区可以缩短震后恢复的时间[29]。这个因素和G₅都反映了影响农村供水系统抗韧性的社会驱动因素,在下一章进一步分析农村供水系统地震韧性的影响机制时,将考虑合并成一个因子并利用结构方程模型进行验证。

G₉——备灾阶段的组织-环境韧性。这个因子只包括"地形"和"有效的伙伴关系"两个高度相关的因素。地形是指农村供水系统所处的自然环境,有效的伙伴关系则是系统所在的组织环境。与城市供水系统始终处于相对安全的环境不同,农村供水基础设施所在的自然环境存在较大的差异,四川省农村供水所在地有坝区、山区以及丘陵等形态。城市供水管道以埋地为主,而采用重力输水的山区或丘陵的农村供水系统,从水源到蓄水池之间的部分管网可能管道裸露悬空在陡坡上,面临滑坡和山洪等其他自然灾害以及人为破坏的危险。根据众多文献的研究,韧性存在空间差异[40, 45, 180],而地形则是引起韧性差异的重要原因,根据Sung和Liaw(2020)对台湾地区的研究,发现山区的韧性通常较低[234]。此外,在备灾期间与合作伙伴保持良好的合作关系,可以确保供水组织在发生灾害时可以及时从合作伙伴获取资源和帮助,从而提高供水系统在地震灾害中能持续提供供水服务的能力并在灾后快速恢复。这个因子与G_1都是反映影响农村供水系统地震韧性的环境驱动因素,本研究在第4章进一步分析农村供水系统地震韧性的影响机制时,将考虑合并成一个因子并利用结构方程模型进行验证。

3.6　本章小结

确定农村供水系统地震韧性的影响因素是进行农村供水系统地震韧性评价的第一步。本章的主要目的是识别农村供水系统地震韧性影响因素并通过探索性因子分析对因素进行初步分组以识别影响农村供水系统地震韧性的主要影响因子。首先通过两阶段文献回顾法检索出农村供水系统地震韧性的潜在影响因素,并通过多轮半结构化专家访谈对潜在影响因素进行了调整,最终构建了一份包含41个影响因素的农村供水系统地震韧性影响因素清单。基于这份影响因素清单制作了结构化的在线调研问卷,以四川省地震多发地带的农村供水系统为研究区域,经过长达半年的问卷收集,共收取123份具有代表性的、信度可靠的有效问卷。

基于123份有效问卷,本研究首先运用相对重要性指标,分析得出41个影响因素对农村供水系统利益相关者而言均是重要的。其次,根据RII值的大小及各个因素的标准差将影响因素分为3组(总体受访者、经历过农村供水系统抗震救灾的受访者以及没有经历过农村供水系统抗震救灾的受访者)进行降序排列,分析了不同地震灾害经历引起受访者对排序前八影响因素的认知差异,并结合文献中相关研究结论对产生差异的原因进行了分析。再次,根据RII值比较地震灾害发生导致受访者对单个因素重要性认知的差异,并通过Kruskal-Wallis H法检验了差异的显著性。研究表明地震灾害的发生导致受访者在10个韧性影响因素的重要性认知上存在显著差异,这说明在评价不同农村供水系统地震韧性时,需要考虑当地破坏性地震灾害发生的概率。最后,本研究运用Spearman排列关联系数检测来自不同区域农村供水系统利益相关者对影响因素重要性认知的一致性。检测结果表明,从总体来看,不同地区受访者在因素重要性排序上存在较高的一致性,但并不完全一致(一致性系数小于1)。这可以理解为由于农村地区经济社会、环境资源的局限性,且农村供水系统利益相关者对当地发生破坏性地震的预期不同,因此他们对农村供水系统的地震韧性目标不一样。所以,在构建农村供水系统地震韧性评价模型时,不同地区农村供水系统利益相关者对供水系统地震韧性的不同韧性目标需要得到体现,而不是用统一的韧性目标去衡量不同地区农村供水系统的地震韧性状态并制订相应的韧性建设计划。

最后,在上述分析的基础上,为了进一步探索农村供水系统地震韧性影响因素之间的关系,也为第4章建立理论模型奠定基础,本研究采用因子分析法对所有因素进行探索性的初步分组。通过主成分法的因子分析,将41个影响因素聚合到9个公因子下面。根据9个公因子下所包含的因素名称与相互联系,结合过往的文献研究对9个公因子作出了分析和解释。其中环境脆弱性的因素占有总解释比的比重最大,其他8个公因子的总解释占比依次下降。但是,对于通过最大方差法获得9个因素组之间的关系还存在一些疑问,部分因子中的因素归类并不恰当,例如G_1可以和G_9合并及G_4可以和G_8合并等,这些不合理之处在下一阶段的研究中将基于灾害管理周期理论结合现有文献的研究结论进行适当的调整,并运用结构方程模型进行验证。

4 基于灾害管理周期理论构建农村供水系统地震韧性影响机制

4.1 引言

　　根据第2章的文献综述,供水系统的地震韧性受到多维因素的影响,这些因素可能在地震灾害管理周期的不同阶段对供水系统的地震韧性产生影响。第3章确定了农村供水系统地震韧性的影响因素并通过探索性因子分析初步提取了9个影响农村供水系统地震韧性的因素组,但是这些因素在地震灾害发生前后如何影响农村供水系统的机制尚不清楚。根据研究设计,本章在第3章分析的基础上,结合灾害管理周期理论,进一步分析灾害管理周期过程中各维度因素之间的动态关系,并通过PLS-SEM构建农村供水系统地震韧性影响机制。

4.2 建立理论框架

4.2.1 构建灾害管理周期下农村供水系统地震韧性影响机制理论框架

根据研究设计,本阶段研究的第一步是构建理论框架,以解释农村供水系统地震韧性的定义及其组成部分。根据本研究中韧性的定义,在现有研究的基础上[29,34,171,174],基于灾害管理周期理论,使用地震灾害管理周期各阶段农村供水系统的供水服务能力变化来表示农村供水系统的地震韧性(见图4.1)。

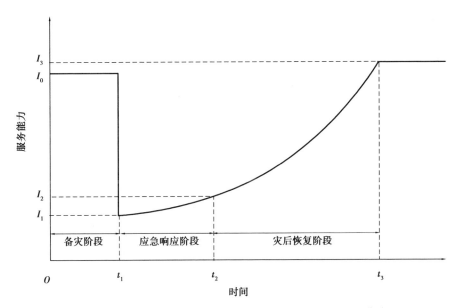

图4.1 地震灾害管理周期中农村供水系统服务水平变化曲线

第一阶段(O-t_1)是备灾阶段,其中O时刻假设为上次地震灾害灾后恢复结束之后(对于经历过破坏性地震的供水系统)或者供水系统投入运营开始(没有经历过破坏性地震的系统)的时间点。社区总是处于两次灾害事件之间(前一次灾害的事后以及下一次灾害的事前),对过去灾害的恢复力影响社区对未来灾害的恢复力状态[31]。这个阶段主要反映了系统抵抗外界干扰,吸收地震设防等级内地震灾害破坏保持供水服务以满足用水需求 I_0 的吸收能力。相对洪水、干旱等季节性自然灾害而言,大部分农村供水系统从建成运营初期到淘汰可能都不会经历破坏性地震,因此农村供水系统大部分时间都处于备灾阶段。在这个长期的备灾过程中,由于系统所在的外部环境的动态变化(自然或人为的干扰)以及系统内部的变化(管网老化等),系统地震韧性可能随时间流逝发生自然衰减。

第二阶段 (t_1-t_2) 为地震灾害应急响应阶段。t_1 时刻,超过系统吸收能力的破坏性地震发生,到 t_2 时刻灾区的应急救援活动结束。相对备灾和灾后恢复阶段来说,这个阶段通常是最短的。在此阶段,由于地震对供水系统的破坏,系统供水服务能力迅速降到 I_1,通过采取应急供水等措施来满足当地的基本用水需求,使供水服务能力从 I_1 迅速提升到 I_2。这个阶段主要反映了应急响应阶段满足最低用水需求的适应能力。

第三阶段是灾后恢复阶段 (t_2-t_3)。这个阶段主要反映了通过资源配置尽快将供水服务恢复到可接受水平(优于/等于/低于地震前的服务水平)的能力。除了破坏,灾害还提供了一个机会,即通过有效的重建改善灾区居民的生活条件[230],对于抗灾能力较弱的地区,重建的系统不仅应恢复到灾前的水平,还需要超过灾前的水平来提高系统的抗灾能力[27,34,171]。换句话说,重建是为了提供更好的服务[210],尤其是农村地区,因此重建后的系统服务能力 I_3 通常高于 I_0。

这三个阶段反映了供水系统提供服务的能力在地震灾害管理周期中的连续动态变化过程。供水系统的地震韧性是系统以及社区处理潜在事件能力的函数[29,141],本研究用农村供水系统在地震灾害管理周期中提供服务能力的变化来表示系统的地震韧性。在数学上,可以定义为:

$$\text{Resilience} = \frac{\int_0^t I(t)\mathrm{d}t}{I_0 t} = \begin{cases} \dfrac{\int_0^{t_1} I(t)\mathrm{d}t}{I_0 t_1} & (\text{备灾阶段}) \\[3ex] \dfrac{\int_0^{t_2} I(t)\mathrm{d}t}{I_0(t_2 - 0)} & (\text{应急响应阶段}) \\[3ex] \dfrac{\int_0^{t_3} I(t)\mathrm{d}t}{I_0(t_3 - t_0)} & (\text{灾后恢复阶段}) \end{cases} \tag{4.1}$$

其中,系统在备灾阶段在各维度因素的共同作用下具备的抵抗外界干扰的能力,称为备灾阶段的吸收能力 R_1:

$$R_1 = \frac{\int_0^{t_1} I(t)\mathrm{d}t}{I_0 t_1} \tag{4.2}$$

系统应急响应阶段的适应能力 R_2:

$$R_2 = \frac{\int_{t_0}^{t_2} I(t)\mathrm{d}t}{I_0(t_2 - t_0)} \tag{4.3}$$

R_2 不仅受应急响应阶段应急措施等因素的影响,还受备灾阶段吸收能力大小的影响;系统灾后恢复阶段具备的恢复能力 R_3:

$$R_3 = \frac{\int_{t_0}^{t_3} I(t)\mathrm{d}t}{I_0(t_3 - t_2)} \tag{4.4}$$

R_3 不仅受到灾后各种恢复措施的影响,还受到备灾阶段吸收能力以及应急响应阶段适应能力大小的影响。图4.2概念框架中设置的相互关系用于描述各阶段韧性与各因素之间的差距。

4.2.2 灾害周期下农村供水系统地震韧性影响因素归类

在第4章的研究中,通过探索性因子分析将41个影响因素中的37个因素

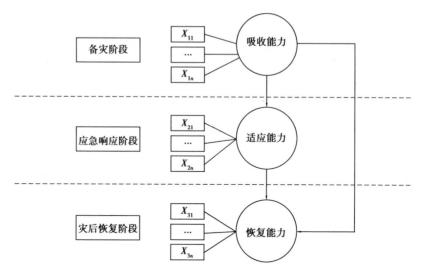

图4.2 灾害管理周期下农村供水系统地震韧性影响机制示意图

归纳为9个因素组,但部分因素组中存在个别因素与因素组不匹配的情况,此外,还有4个因素没有归类到任何一个因素组中。根据4.2.1节建立的灾害管理周期下农村供水系统地震韧性影响机制理论框架,基于灾害管理周期理论,结合已有文献中的研究结论和农村供水系统的运营现状,对9个因素组进行调整并归类到灾害管理周期的备灾、应急响应和灾后恢复3个阶段,最终将41个因素分为7组影响因素组:

(1)备灾阶段环境韧性(Environmental Resilience In the Disaster Prevention Stage,EnRIDPS)。将G_1"环境脆弱性"中的"居民文化水平"和"就业率"调出,将反映农村供水系统所在地自然环境的"地形"和"气候条件"调入。最终由"地震历史""地下水存量""地震发生时间""气候条件""环境污染"和"地形"6个因素组成反映备灾阶段环境韧性的因子。

(2)备灾阶段经济韧性(Economic Resilience In the Disaster Prevention Stage,ERIDPS)。这个因子主要由G_2"资金保障"的因素组成,将G_1"环境脆弱性"中与经济韧性更相关的就业率以及G_8"备灾阶段的社会韧性"中与经济韧性更相关的"GRP"调入,最终由"系统运维资金""可用的资金来源""快速融资渠道""社会参与率""就业率""GRP"以及"重建模式"8个因素组成反映备灾阶段经济韧性的因子。

（3）备灾阶段社会韧性（Social Resilience In the Disaster Prevention Stage，SRIDPS）。将G_5"备灾阶段的社会意识"和G_8"备灾阶段的社会韧性"两个因子合并，并将因子中与经济韧性更相关的"就业率"以及与组织韧性更相关的"定期资产评估"调出，将与社会韧性更相关的"居民文化水平"调入，最终由"地方依恋""社区宣传""社会信任""家庭备用水源"和"居民文化水平"5个因素组成反映备灾阶段社会韧性的因子。

（4）备灾阶段组织韧性（Organizational Resilience In the Disaster Prevention Stage，ORIDPS）。"定期资产评估"被认为是重要的组织韧性因素[36]，因此在上一节因子分析中的G_6"备灾阶段的组织韧性"加入这两个因素，最终由"组织结构""应急演练""有效的伙伴关系""法律和政策"和"地震烈度"5个因素组成反映备灾阶段组织韧性的因子。

（5）备灾阶段技术韧性（Technical Resilience In the Disaster Prevention Stage，TRIDPS）。将第3章因子分析中与各因子关联性均不大的"地震预警监测"和"独立消防供水设计"增加到G_7"备灾阶段的技术韧性"中，最终由"备用水源""地震设计""应急电力""地震预警监测"和"独立消防供水设计"5个因素组成反映备灾阶段技术韧性的因子。

（6）应急响应阶段的适应能力（Adaptive Capacity）。将第3章因子分析中与各因子关联性均不大的"应急响应计划"加入G_3"应急响应阶段的适应能力"，最终由"应急响应计划""智能故障监测""领导力""灾后用水需求""剩余服务能力"和"应急供水"构成了反映应急响应阶段适应能力的因子。

（7）灾后恢复阶段的恢复能力（Restorative Capacity）。这个因子主要由G_4"灾后恢复阶段的恢复能力"组成，最终由"系统恢复程度""危机洞察力""维修记录""政治意愿""决策""专业人员储备"6个因素组成反映灾后恢复阶段恢复能力的因子。

调整后,灾害管理周期下农村供水系统地震韧性影响因素的分组如图4.3所示。

图4.3 灾害管理周期下农村供水系统地震韧性影响因素分组图

4.3　提出农村供水系统地震韧性影响因素之间的假设关系

　　本研究的主要研究目标之一是构建灾害管理周期下农村供水系统地震韧性影响机制,也是本章要解决的主要问题。为了实现这一目标,首先需要建立影响机制中各因素组之间的假设关系,并通过后续的定量数据进行假设验证。根据本章4.2节构建的农村供水系统地震韧性影响机制的概念框架,建立了灾害管理周期下各因素和因素组之间的关系,但是各因素组之间以及各因素组与灾害管理周期各阶段韧性目标之间的关系尚未确定。为此,本节将根据基础设施地震韧性的相关理论以及第3章因子分析的结论,对各个因素组之间的关系进行假设。

4.3.1　备灾阶段因素组之间的相互影响关系

　　经济韧性对环境、技术、社会和组织的影响:在讨论基础设施灾害韧性的研究中发现,经济韧性发挥着至关重要的作用,直接和间接影响其他因素[160,235]。对于农村供水系统而言,供水系统的技术韧性(如管道材质的选择)、组织韧性(是否组织应急演练以及应急演练的次数)、社会韧性(居民受教育的程度)以及环境韧性(环境污染治理情况等)都受到经济维度的影响。

　　环境韧性对社会、组织和技术韧性的影响:Rus等人总结灾害韧性的相关研究发现环境维度对社区和基础设施韧性具有重要意义,但是却很少受到关注[35]。由于系统韧性的时空特性,环境维度对供水系统具有重要意义[29]。近些年的研究证实了环境韧性对社会、组织和技术韧性的重要影响。Mostafavi等人对2015年尼泊尔地震中供水基础设施的研究发现,加德满都的一些供水系统在地震前面临着地下水枯竭的问题,这导致家庭用水储备(例如水井和水泵)无法获得足够的水,从而影响系统在地震后的供水能力[102]。Sung和Liaw的研究发现,地形是造成台湾山区社会韧性低于平原地区社会韧性的主要驱动因素[234]。环境韧性对技术韧性的影响是显而易见的。应急替代水源在供水系统的设计中非常重要,但对于一些缺水地区,囿于环境限制,无法开发备用水源。此外,环境因素还会通过影响组织的政策发布等影响组织韧性。例如,我国政府颁布了《中华人民共和国防震减灾法》,规定基础设施的地震设计要求,来应对地震灾害对基础设施和社区可能产生的破坏[236,237],为了更科学地指导全国各地预防地震灾害,根据各地发生地震灾害的历史数据先后编制了5代《中国地震动参数区划图》,以指导住宅、交通、水利等基础设施的抗震设计[238,239]。

社会韧性对组织和技术韧性的影响:Bruneau等人(2003)首次提出了衡量社区和基础设施地震韧性的"TOSE"综合框架[34],"TOSE"框架中的地震韧性包括经济、社会、组织及技术4个方面。在"TOSE"框架中,将经济和社会定义为地震韧性的驱动因素,通过采取经济和社会措施,来提高系统的组织和技术韧性,最终提高系统的地震韧性。"TOSE"模型提出后,社会韧性对组织和技术的影响引起了研究人员的广泛关注。在灾害多发地区,供水公司鼓励人们保持家庭用水储备7天或更长时间,使修复人员有机会使用更好的修复技术而不是更快的修复技术。例如,换用抗震性能更好的管道而不是和震前一样脆弱的管道,这将影响供水系统下次承受地震灾害的韧性[50]。当地居民对国家和军队救援的信任可以减少灾害过后的骚乱,从而可以使救援人员更安心地投入工作。对于农村地区,公共部门无法及时帮助农村居民修理雨水收集系统或水管,文化程度较高的居民可以协助供水组织进行基本的维修[50]。此外,供水组织在备灾阶段针对地震灾害的应急演练等也需要综合考虑居民的家庭备用水源情况。

组织韧性对技术韧性的影响:供水系统是关键生命线,在任何灾难情况下,负责运营供水基础设施的组织必须确保供水服务不间断[36]。组织韧性的关键要素包括组织对系统失效的预判能力以及对失效的关注和组织的可靠性[207]。

一个有韧性的组织直接有助于灾后社区的迅速和成功恢复[83]。组织韧性被认为是评估社区以及各种基础设施的抗干扰和恢复能力[29,240,241]。组织维度对技术维度的影响显著,例如良好的组织韧性可能对与服务级别相关的技术问题作出更快、更有效的响应[145]。在我国,供水系统的地震设计必须满足《中华人民共和国防震减灾法》中的强制性规定。此外,大地震带来的巨大破坏直接影响着灾害预警系统的发展。例如,由于汶川 8.0 级大地震对当地产生的巨大破坏,汶川县的灾害预警服务得到迅速发展,成为中国第一个实现多灾害预警服务系统全覆盖的县[242]。

技术韧性:又称基础设施的物理脆弱性,一直是研究基础设施灾害韧性的核心关注点[29,34]。根据第 2 章的文献综述,近年来的研究发现,基础设施系统韧性不仅取决于设施的物理脆弱性,还受到社会、环境、经济和组织等多维度因素的影响。而基础设施的技术韧性受到经济、环境等多维度因素的制约,尤其是在农村地区,社会经济环境条件都相对恶劣。

4.3.2　吸收能力对适应能力的影响关系

备灾阶段技术韧性对应急响应阶段适应能力的影响:根据前面的假设,备灾阶段供水系统在经济、环境、组织和社会韧性等方面对系统的物理脆弱性(技术韧性)的综合影响,形成系统备灾阶段的吸收能力。当破坏性地震发生后,供水系统备灾阶段的吸收能力越强,系统受到的破坏越小,满足应急响应阶段用水需求的能力越强,即适应能力越强。也就是说,通过供水系统的物理脆弱性(技术韧性)来反映备灾阶段系统的吸收能力对应急响应阶段的适应能力的影响。

4.3.3　吸收能力和适应能力对灾后恢复能力的影响关系

备灾阶段的技术韧性对系统灾后恢复阶段的恢复能力的影响:在既有研究

中,通常用灾后恢复速度的快慢来表示社区或者基础设施灾后恢复能力的大小。而供水系统在地震中受到的破坏越小,灾后恢复的速度就越快,即灾后恢复能力越强。

应急响应阶段的适应能力对灾后恢复阶段的恢复能力的影响:供水系统在地震灾害应急响应阶段的适应能力定义为系统满足应急响应阶段用水需求的能力。通常情况下,系统的适应能力会影响灾后恢复阶段的恢复能力。例如,由于供水不足,部分遭受破坏的系统需要在未完全修复前持续为当地居民供水,则系统损坏部位的维修时间就会被延长,系统的恢复能力降低。

根据前面对农村供水系统灾害管理周期下的地震韧性影响机制理论框架的设定以及在不同阶段因素组之间可能存在的逻辑关系进行了13组假设(见表4.1)。在灾害管理周期的不同阶段,韧性影响因素之间将产生不同的关联和制约关系,通过这13组假设关系构建了灾害管理周期下各因素组假设关系模型图(见图4.4)。下一节将利用结构方程模型对这些假设关系进行验证。

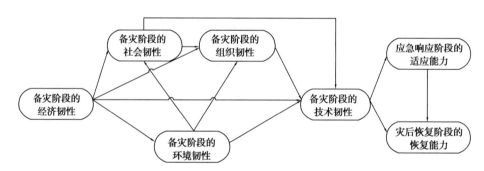

图4.4 灾害管理周期下各因素组假设关系模型图

表4.1 因素组之间的假设关系

序号	阶段	韧性指标	假设路径	解释
1	备灾阶段	吸收能力	经济韧性(ERIDPS)→环境韧性(EnRIDPS)	备灾阶段系统所在的经济、环境、社会和组织等因素对系统物理脆弱性的影响,以及它们之间的相互制约关系
2			经济韧性(ERIDPS)→组织韧性(ORIDPS)	

续表

序号	阶段	韧性指标	假设路径	解释
3	备灾阶段	吸收能力	经济韧性(ERIDPS)→社会韧性(SRIDPS)	备灾阶段系统所在的经济、环境、社会和组织等因素对系统物理脆弱性的影响,以及它们之间的相互制约关系
4			经济韧性(ERIDPS)→技术韧性(TRIDPS)	
5			环境韧性(EnRIDPS)→组织韧性(ORIDPS)	
6			环境韧性(EnRIDPS)→社会韧性(SRIDPS)	
7			环境韧性(EnRIDPS)→技术韧性(TRIDPS)	
8			社会韧性(SRIDPS)→组织韧性(ORIDPS)	
9			社会韧性(SRIDPS)→技术韧性(TRIDPS)	
10			组织韧性(ORIDPS)→技术韧性(TRIDPS)	
11	应急响应阶段	适应能力	备灾阶段技术韧性(TRIDPS)→适应能力(Adaptive Capacity)	备灾阶段吸收能力对应急响应阶段适应能力的影响
12	灾后恢复阶段	恢复能力	备灾阶段技术韧性(TRIDPS)→恢复能力(Restorative Capacity)	备灾阶段的吸收能力对系统震后快速恢复能力的影响
13			适应能力(Adaptive Capacity)→恢复能力(Restorative Capacity)	应急响应阶段的适应能力对系统震后快速恢复能力的影响

4.4 基于结构方程模型的地震韧性影响机制验证

4.4.1 结构方程模型类型选择

本研究第1章对结构方程模型的适用范围进行了比较和说明,结构方程模型主要有CB-SEM以及PLS-SEM。两种方法的主要区别在于假设条件、分析方法以及对最小样本数的需求等方面(见表1.4)。

CB-SEM通常要求观测变量样本服从正态分布,然而根据第4章的样本数据分布检测表明本研究收集的样本数据不服从正态分布,不满足CB-SEM的使用前提。此外,根据Chin(1998)的研究,CB-SEM进行建模分析的最低样本数为200[66],同时Bentler和Chou认为使用CB-SEM方法建模,观测变量和样本数量需要满足1:5的关系[243]。按照Bentler和Chou的标准,本研究的观测变量为41个,要使用CB-SEM进行分析至少需要205份样本数据。但是农村数据获取困难,近几年的新冠疫情进一步增加了获取数据的难度,本研究获取的有效问卷数只有123份,无法满足CB-SEM建模的最低数据要求。基于本研究的样本数据分布特点以及样本量大小,本研究不适合使用CB-SEM进行建模。

相对CB-SEM分析而言,PLS-SEM对观测变量的样本数据分布情况没有严格要求,对观测变量的样本量需求相对较低。虽然PLS-SEM的样本量没有CB-SEM的要求高,但是仍然有最低样本量要求。文献中主要采取两种方式确定PLS-SEM的最低样本数量。一种是使用指向潜变量(在本研究中潜变量为7个因素组)的最大箭头数来判断所需的最小样本量,根据Hair等人(2016)的研究,使用PLS-SEM进行建模分析所需的最小样本数为指向潜变量最大箭头数的10倍[244]。本研究中,根据指向潜变量的最大箭头数(指向备灾阶段技术韧性的箭头最多,有4个),计算出本研究使用PLS-SEM分析所需的最小样本数应为40个。另一些研究则根据指向潜变量的最大箭头数、显著性水平和对拟合度的最小要求来共同确定PLS-SEM分析所需要的最小样本数量[245]。根据本研究上一节的假设关系,指向潜变量的最大箭头数为4(备灾阶段的技术韧性),由于本研究为探索性研究,根据灾害领域相关研究的经验,在进行PLS-SEM分析时,将显著性水平设置为0.10[246],拟合度设置为0.25,要求模型具有80%的统计功效。基于这个设定,使用PLS-SEM分析需要的最小样本量为53。本研究的有效样本数为123,远远大于这两种方法确定的PLS-SEM分析所需的最小样本数,根据本研究第1章对CB-SEM和PLS-SEM的介绍可知,采用PLS-SEM进行分析是可行的。因此,本研究采取PLS-SEM进行分析。

4.4.2　建立初始结构模型

PLS-SEM包括结构模型和测量模型。测量模型描述了潜变量(结构)如何被可观察变量(指标)测量,结构模型则揭示了潜变量之间的关联程度。在本研究中,测量模型的潜变量为上一节根据因子分析和假设的理论框架归类的7个因素组,观测变量则为7个因素组下面的41个影响因素,测量模型描述了每个韧性影响因素(可观察变量)与其各自分组(潜变量)之间的关系;而结构模型则反映了7个因素组之间的关系。根据本研究上一节假设的因素组之间的相互关系构建了灾害管理周期下农村供水系统地震韧性评估初始结构模型图(见图4.5)。因为Smart-PLS软件具有图形用户界面,能使用户有效地估计PLS路径模型,因此本研究采用Smart-PLS3.2.9进行结构方程模型评估。

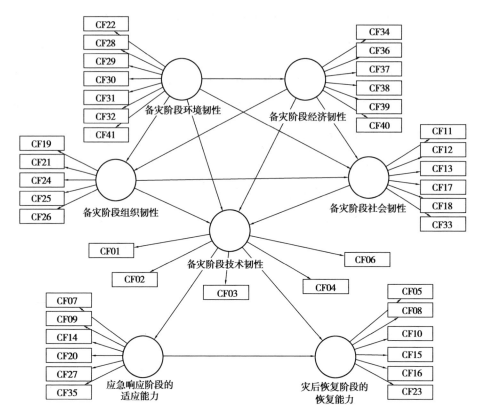

图4.5　灾害管理周期下农村供水系统地震韧性影响机制初始模型

4.4.3　模型评估标准

　　根据潜变量和观测变量之间的关系，测量模型一般分为反映型模型（Reflective Measurement Model，RM）和形成型模型（Formative Measurement Model，FM）。两种不同测量模型的评估标准不同。为了确定测量模型的评估标准，首先需要确定本研究的测量模型。根据 Hair 等人（2016）的参考建议（见表4.2）[244]，确定本研究测量模型的类型。在本研究中，测量模型的潜变量（结构）是根据因子分析提取的公因子，反映了观测变量（各因素）的共同属性。因此，可以判断本研究的测量模型均为反映型（FM）模型。

表4.2 反映性模型和形成性模型的区别[248]

序号	评判标准	反映性测量模型（RM）	形成性测量模型（FM）
1	潜变量和观测变量的因果关系	潜变量→观测变量	观测变量→潜变量
2	潜变量是观测变量的特征还是观测变量的集成	特征	集成
3	潜变量和观测变量的变化关系	潜变量变化会引起所有观测变量按照同一趋势变化	潜变量变化不一定会引起所有观测变量一起变化
4	观测变量之间是否可以互换?	可以	不可以

结构方程模型的分析包括两个步骤:测量模型可靠性评估和结构模型评估。根据文献中的建议,通常使用4个标准来评估反映型测量模型的可靠性:①个体指标(观测变量)的可靠性检验;②内部一致性可靠性;③收敛有效度检验;④区别效度检验[58, 244]。

个体指标的可靠性是对用多指标量表测量结构的程度的一种解释,它表示结构相对于任何错误的真实得分[247],也代表了每个指标与其所在结构的相关性[248]。结构上的外部荷载值越高,表明结构下的各相关指标具有更高的共同性[249]。因此,通常用观测变量的外部荷载值来检验个体指标的可靠性。本研究以0.70的保守值作为模型调整的参考阈值,以尽量减少测量模型中的误差,提高所开发模型的尺度和探索力的准确性、有效性[58]。

内部一致可靠性通常使用Cronbach α来评估。Cronbach α一般介于[0~1]之间,Churchill(1979)认为Cronbach α大于0.6时,结构的内部一致性可靠[250]。此外,一些研究认为Cronbach α值法是检测变量内部一致性的保守方法,因此使用综合可靠性(CR)来评估结构的内部一致性,并将0.7作为衡量结构内部一致性的阈值[58]。在本研究中,同时考察了测量模型的Cronbach α以及CR值。

评估结构的收敛有效性常用方法是提取平均方差(Average Variance

Extracted，AVE)[251]。AVE用于衡量一个结构从其指标中获得的与测量误差相关的方差量，AVE应大于0.5[252]。这表明平均而言，该结构解释了其指标方差的一半以上。相反，如果AVE小于0.5意味着平均而言，指标中的误差比结构解释的方差还要多[253]。因此，AVE的阈值通常取0.5[246,251]。AVE的计算方法如下：

$$AVE = \frac{\sum k_i^2}{\sum k_i^2 + \sum_i \mathrm{var}(\epsilon_i)} \tag{4.5}$$

其中，k_i是每个指标对潜在结构的分量荷载，$\mathrm{var}(\epsilon_i) = 1 - k_i^2$。区别效度反映了结构之间的差异性程度，通常采取两种方法判断模型的区别效度：一种是基于Fornell-larker准则，比较某个结构的AVE平方根与其他结构的最大关联系数[244]；另一种是检验观测变量的交叉荷载，即比较观测变量对其所在结构的外部荷载是否大于该变量在其他所有结构的外部荷载值。本研究采取Fornell-larker准则判断测量模型的区别效度，即判断每个结构的AVE值平方根是否大于其与任何其他结构的最高相关性来评估初始模型的区别效度。

测量模型的可靠性通过评估后，接下来需要评估结构模型。本研究使用Bootstrap技术评估路径系数的显著性，来检验模型的假设是否成立。在这项研究中，重复次数设置为5 000次，案例数设置为收集到的有效问卷数。此外，由于本研究的探索性，双尾试验的临界T值设定为1.65(显著水平为0.1)[246]。

4.4.4 模型分析

1)测量模型可靠性评估

构建好初始模型的假设关系后，需对模型进行多次迭代修改完善，最终形成与样本数据最匹配且与假设理论最符合的结构方程模型。

表4.3　初始测量模型信度及效度参数

结构	因素代码	因素外部荷载	Cronbach α	CR	AVE
TRIDPS	CF01	**0.682**	0.825	0.877	0.588
	CF02	0.755			
	CF03	0.862			
	CF04	0.726			
	CF06	0.799			
ORIDPS	CF12	0.807	0.869	0.902	0.605
	CF13	0.714			
	CF17	0.807			
	CF18	0.823			
	CF35	0.840			
	CF33	**0.652**			
ERIDPS	CF22	0.821			
	CF28	0.837	0.879	0.909	0.624
	CF29	**0.647**			
	CF30	0.798			
	CF31	0.702			
	CF32	0.783			
	CF41	0.795			
SRIDPS	CF19	**0.646**	0.767	0.851	0.589
	CF21	0.774			
	CF24	0.827			
	CF25	0.752			
	CF26	0.712			
EnRIDPS	CF34	0.722			
	CF36	0.754			
	CF37	0.773	0.858	0.894	0.584
	CF38	0.735			

续表

结构	因素代码	因素外部荷载	Cronbach α	CR	AVE
EnRIDPS	CF39	0.756			
	CF40	0.841			
Adaptive capacity	CF07	0.796	0.878	0.908	0.625
	CF09	0.806			
	CF11	0.702			
	CF14	0.726			
	CF20	0.805			
	CF27	0.892			
Restorative capacity	CF05	0.823	0.887	0.851	0.589
	CF08	**0.699**			
	CF10	0.783			
	CF15	0.814			
Restorative capacity	CF16	0.805			
	CF23	0.868			

根据表4.3,5个因素的外部荷载低于推荐的参考阈值0.700(CF01=0.683;CF08=0.699;CF19=0.646;CF29=0.647;CF33=0.652)。在判断是否需要删除这些指标之前,需要考虑这些指标的潜在实际意义[58]。根据第3章的因素分析可知,通过计算平均值和标准差,将所有因素按相对重要性降序排列,其中CF01(替代水源)排第2位,CF08(系统恢复程度)排第5位,CF19排第40位,CF29排第33位,CF33排第41位。根据帕累托原理,CF01和CF08是关键因素,因此,在接受最终结构模型之前,保留CF01和CF08,同时删除另外3个测量变量。此外,AVE和CR值均高于推荐的阈值(AVE>0.5,CR>0.7)。

测量模型的区别效度检验结果见表4.4,所有潜变量(结构)的AVE平方根均大于各个潜变量与其他潜变量(结构)之间的关联系数的最大值,这表明任何两组因素之间都不存在相关性,潜变量(结构)之间是存在显著差异的。表4.3和表4.4是本研究初始模型的测量模型可靠性评估结果,结果表明本研究构建的测量模型具有较好的信度和效度,允许进行进一步的结构模型分析。

表4.4 测量模型区别效度检验

	Adaptive capacity	ERIDPS	EnRIDPS	ORIDPS	Restorative capacity	SRIDPS	TRIDPS
Adaptive capacity	**0.790***						
ERIDPS	0.733	**0.790***					
EnRIDPS	0.721	0.627	**0.764***				
ORIDPS	0.740	0.774	0.749	**0.799***			
Restorative capacity	0.719	0.748	0.593	0.764	**0.800***		
SRIDPS	0.649	0.698	0.652	0.655	0.684	**0.767***	
TRIDPS	0.703	0.596	0.693	0.680	0.699	0.671	**0.767**

注:*表示潜变量(结构)的AVE平方根。

2)结构模型分析

表4.5总结了初始模型中通过自举法确定的因素组之间的所有路径系数及其T检验值。其中4条路径系数不显著,T值小于1.65。根据Hair等人(2019)推荐的方法,按照T值大小由小到大的顺序逐步删除不显著的路径来调整结构模型[252]。当依次删除T值最小的两条路径后,模型中剩下的11条路径均显著。最后,根据验证的11条路径,确定了地震灾害管理周期下农村供水系统地震韧性的潜在影响机制(见图4.6)。

表4.5 初始结构模型路径显著性检验

假设关系	路径系数	T值	结论
Adaptive capacity → Restorative capacity	0.448	3.465	支持
TRIDPS →Adaptive capacity	0.703	12.209	支持
TRIDPS →Restorative capacity	0.385	2.956	支持
EnRIDPS →TRIDPS	0.328	2.317	支持
EnRIDPS→SRIDPS	0.391	2.836	支持
EnRIDPS→ORIDPS	0.436	4.769	支持

续表

假设关系	路径系数	T值	结论
SRIDPS→TRIDPS	**0.436**	**1.524**	不支持
SRIDPS→ORIDPS	**0.251**	**0.960**	不支持
ORIDPS→TRIDPS	**0.155**	**1.523**	不支持
ERIDPS→TRIDPS	**0.062**	**0.373**	不支持
ERIDPS→EnRIDPS	0.627	10.552	支持
ERIDPS →SRIDPS	0.350	3.123	支持
ERIDPS →ORIDPS	0.501	4.766	支持

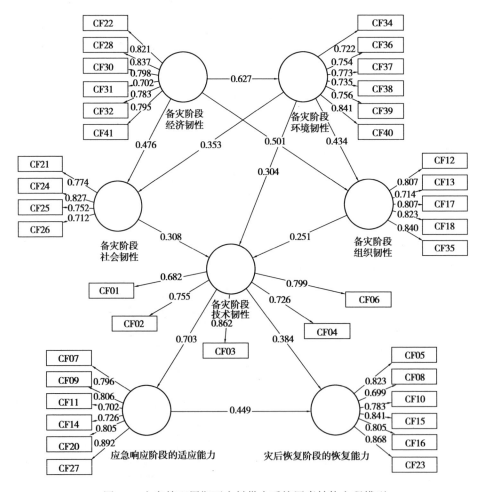

图4.6　灾害管理周期下农村供水系统因素结构方程模型

表4.6　结构间的路径系数

路径	路径系数	总间接效应	T值	总效应	T值	VAF /%
ERIDPS → EnRIDPS	0.627	—	—	0.627	10.803*	—
ERIDPS → SRIDPS	0.476	0.221	3.225*	0.697	9.187*	40.22
ERIDPS → TRIDPS	—	0.6	11.894*	0.6	11.894*	100
ERIDPS → ORIDPS	0.501	0.272	3.766*	0.773	8.474*	35.19
ERIDPS → Adaptive capacity	—	0.367	5.789*	0.367	5.789*	100
ERIDPS → Restorative capacity	—	0.403	6.510*	0.403	6.510*	100
EnRIDPS → SRIDPS	0.353	—	—	0.353	3.607*	—
EnRIDPS → ORIDPS	0.434	—	—	0.434	4.577*	—
EnRIDPS → TRIDPS	0.304	0.218	3.319*	0.522	5.785*	41.72
EnRIDPS → Adaptive capacity	—	0.367	5.789*	0.367	5.789*	100
EnRIDPS → Restorative capacity	—	0.365	6.314*	0.365	6.314*	100
ORIDPS → TRIDPS	0.251	—	—	0.251	1.964*	—
ORIDPS → Adaptive capacity	—	0.176	1.899*	0.176	1.899*	100
ORIDPS → Restorative capacity	—	0.175	1.862*	0.175	1.862*	100
SRIDPS → TRIDPS	0.308	—	—	0.308	2.672*	—
SRIDPS → Adaptive capacity	—	0.217	2.508*	0.217	2.508*	100
SRIDPS → Restorative capacity	—	0.215	2.435*	0.215	2.435*	100
TRIDPS → Adaptive capacity	0.703	—	—	0.703	12.225*	—
TRIDPS → Restorative capacity	0.384	0.315	3.712*	0.699	6.751*	45.06
Adaptive capacity → Restorative capacity	0.449	—	—	0.449	3.553*	—

为了建立农村供水系统地震韧性评估框架,根据最终验证模型计算各因素组之间的间接效应和总效应,表4.6列出了结构模型中的20条路径,包括7条直接路径系数、9条间接路径以及4条直接和间接效应路径。根据方差解释,这4条路径的方差占VAF的范围为20%~80%,表明部分调节发生在这4条路径中[244]。

4.4.5 结果与讨论

根据最终确定的因素组之间的关系模型(见图4.6),13条假设路径中有11条路径被验证。其中"备灾阶段技术韧性"与7个因素组中的5个因素组之间都存在显著的直接影响关系;"备灾阶段的经济韧性"以及"备灾阶段的环境韧性"直接影响3个因素组;"备灾阶段组织韧性"和"备灾阶段的社会韧性"也与3个因素组之间存在显著的直接影响关系;"应急响应阶段的适应能力"和灾后恢复阶段的恢复能力均与2个因素组之间存在显著的直接影响关系。

根据表4.6可知,在这7个因素组中,"备灾阶段的经济韧性"是最根本的影响因素,对其他6个因素组存在直接或间接的影响,这和文献研究中的结论相一致[34,160],即在韧性的诸多影响因素中,经济因素是最重要的影响因素,直接或间接影响其他韧性因素。而且,本研究还验证了备灾阶段经济、社会、环境和组织韧性对技术韧性直接或间接的影响,这和文献中关于基础设施韧性研究的结论一致,即技术韧性是基础设施韧性的重要属性,但是受到其他维度因素的影响。例如,水网的设计受到经济、地理和其他环境条件的限制[159]。此外,预算、施工和运输限制使得在各种地理条件下(如偏远农村地区),单纯提高技术韧性无法有效提高系统韧性[50]。因此,本研究中备灾阶段技术、组织、经济、环境和社会维度因素之间的相互关系可以理解为经济、环境、组织和社会等"软"维度因素在备灾阶段对技术韧性的"硬"维度因素产生的综合影响,形成了供水系统地震韧性备灾阶段抵抗外界干扰的吸收能力。

供水系统对地震灾害的抵抗(吸收)、适应和恢复能力,是一个连续变化的过程。当系统的吸收能力不足以应对灾害后果时(发生破坏性地震时),系统的适应性将最大限度地减少不利后果[29];如果损坏事件对系统的影响不超过吸收能力,系统将在不影响服务的情况下快速服务,系统的恢复能力将保持在最大水平。如果损害介于系统的吸收能力和恢复能力之间,则系统可能需要中长期恢复。如果系统的损坏超过了系统的吸收和适应性,则需要很长时间甚至国际援助才能恢复[29]。在本研究中,备灾阶段技术韧性、应急响应阶段的适应能力以及灾后恢复阶段的恢复能力之间存在显著的路径关系,从而检验了在灾害管理周期视角下,不同阶段各个因素组之间的相互影响关系,反映了潜在的农村供水系统韧性影响机制。

4.5　本章小结

由于韧性受到相互联系的多维因素的影响,基础设施韧性评价是一个非常复杂的系统工程,随着人们对韧性动态特性的认知,近年来的研究强调韧性维度之间的动态关系对准确评价韧性的重要性。本章的主要研究目的是构建一个反映农村供水系统地震韧性影响机制的框架,旨在分析农村供水系统地震韧性状态和已识别的韧性影响因素之间的动态关系,进而揭示灾害管理周期下农村供水系统地震韧性的潜在影响机制。为实现这个目标,本章主要分为3个阶段进行探索性研究:

①基于灾害管理周期理论以及现有的基础设施韧性研究结论,构建一个农村供水系统地震韧性影响关系的概念框架。

②基于灾害周期管理理论调整探索性因子分析的分组关系,将41个因素归类到灾害管理周期不同阶段的7个因素组内,并结合文献中的研究成果构建因素组之间的假设关系。

③运用PLS-SEM模型验证假设关系,构建农村供水系统地震韧性影响机制。

本阶段通过PLS-SEM模型验证了经济、环境、社会、组织和技术等多维因素在灾害管理周期不同阶段之间的动态因果关系,各维度因素对供水系统灾害各阶段的地震韧性影响通过技术韧性的因果路径反映。根据结构方程模型验证的结果来看,备灾阶段的经济韧性是影响农村供水系统地震韧性的最根本原因,通过环境、社会和组织对技术韧性的影响路径影响农村供水系统的地震韧性状态;这与已有文献对城市供水系统的研究大致吻合(早期研究认为经济和社会因素是系统韧性改善的手段,而组织和技术因素是系统韧性表现的结果[34];近年来的研究强调环境维度对系统韧性的影响[29])。本阶段的研究结论为下一阶段构建灾害管理周期下农村供水系统地震韧性的动态评价模型奠定了理论基础。

5 不完全信息下多阶段农村供水系统地震韧性评价模型

5.1 引言

在前面的章节中,通过文献回顾等方法,讨论了供水系统地震韧性的研究现状,并全面地研究了农村供水系统地震韧性的主要影响因素以及农村供水系统地震韧性影响机制。在此基础上,设计一个科学合理的评价模型将有助于决策者在灾害管理周期各阶段及时评价农村供水系统的地震韧性状态,并制订合理的韧性建设措施。本章的目标是构建农村供水系统地震韧性的动态评价模型,主要对模型的评价框架、指标选取、指标赋权方法比选、评价方法比选以及形成各阶段韧性状态综合评价指标的计算过程进行阐述。

指标是指从观察到的事实中得出的一种定量或定性的度量。这些度量简化并传达了复杂的真实情况[254],决策者在评价或横向比较不同农村供水系统地震韧性水平时,需要一个可以量化和直接比较的指标进行度量。根据第2章的文献回顾以及第3、4章的研究发现,农村供水系统的地震韧性受到技术、环境、社会、经济和组织等多维因素的影响,不能用单一的指标进行衡量。而综合指标则是完成这个度量的有效工具。综合指标是单个变量或主体变量集的数学组合,这些变量代表一个概念的不同维度,它们不能单独被任何单个指标完全捕获[255],而且它们传达的信息可能被用作绩效衡量标准,被认为是制定政策和进行公共沟通的有用工具[256]。因此,研究者们开发了很多为了捕捉社会或环境脆弱性的核心指标,例如为评价小国家对国际经济波动的敏感性而制定的指标[257, 258]以及为衡量国家福祉而设计的指标[259-261]。而在自然灾害管理领域,综合指标则得到了更为广泛的关注,例如社会脆弱性指数[262]、普遍脆弱性指数[263]、非洲气候变化社会脆弱性指数[264]、灾害风险指数[265]和脆弱性预测指标[266]、普遍脆弱性指数[267],社区基线韧性指标[32],韧性恢复能力指数[139],世界风险指数[269],风险降低指数[270]。因此,本研究适用综合指标法来评价农村供水系统的地震韧性。现有的研究包含各种开发综合指标的方法,其中大部分研究都包含一个共同的指标构建过程[29, 32]:①构建概念框架;②选择适当的评价指

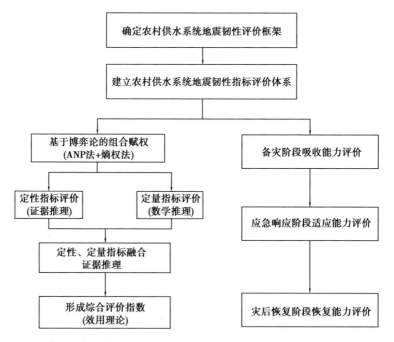

图5.1 建立不完全信息下多阶段农村供水系统地震韧性评价模型的技术路线

标;③对评价指标进行赋权;④定性指标评价;⑤定量指标评价;⑥指标归一化
处理;⑦定性和定量指标融合;⑧形成综合评价指数。遵循这个方法,本章主要
按照图5.1的技术路线完成农村供水系统地震韧性评价模型的构建,并介绍地
震灾害管理不同阶段农村供水系统地震韧性的评价步骤。

5.2 确定农村供水系统地震韧性评价框架

　　第2章已通过系统性文献回顾整理了供水系统地震韧性的研究动态。过
往的研究者们通过数学模型、地震历史数据以及构建指标法等多种方式建立了
不同的供水系统地震韧性评价模型,例如"CARE"模型[29]、"TOSE"[34]模型等。
此外,在已有文献中,对供水基础设施运营阶段进行了各方面的项目后评价,建
立了众多的评价模型。例如,基于供水服务质量管理的绩效评价模型[2, 272, 273],
衡量供水服务可持续性评价模型[7, 14, 274]和可靠性模型[275],以及供水系统的安全
性评价模型[15,29,34,70,74,276]。这些模型为农村供水系统地震韧性评价框架奠定了
一定的理论基础,但并不能完全反映农村供水系统地震韧性的逻辑关系和理论
内涵。

　　在供水基础设施绩效评价模型中,来自世界各地的水务机构和监管机构都
制订了大量的绩效指标来评价城市水务设施的绩效[272, 273]。这些绩效指标被用
于识别系统缺陷、评价性能和评价指导总体管理决策的有效性。但是,大多数
绩效指标都是为大型城市供水系统开发的。Molinos-Senante 等人在此基础上,
以智利的40个农村供水系统为例,提出了一组评价农村供水系统服务质量的
综合绩效指标[2]。除了对供水服务质量的评价,研究者们还对供水服务的可持
续性和可靠性进行了相应的评价。Marques 等人以葡萄牙供水系统为例,提出

了一种包括社会、环境、经济、治理和资产等在内的可评价全球供水服务可持续性的多标准模型,用于评价城市供水系统服务的可持续性[275]。而 Dwivedi 等人则以印度的 11 个农村供水系统为例,提出了农村可持续综合评价指数来评价农村供水系统的长期可持续性,他们将农村供水系统的持续性分为高、中、低三类,评价结果主要用于为农村公用事业公司提供建设后活动的财政补助金作依据[274]。除了对供水系统的服务质量和可持续性服务进行评价,如何安全供水一直是研究者们考虑的核心问题。我国学者李洪兴研究了农村供水的法律、标准和组织管理体系,探讨我国农村饮水安全保障体系的构建[15];罗庆从农村饮水安全、农村供水和居民饮用水处理方法 3 个方面探讨了农村饮水安全问题的时空变化及主要影响因素[276];陈敏则通过考察中央、地方和基层的 38 个农村饮水制度的效率,研究农村饮水制度失灵的内在机理,从制度体系角度探讨了如何确保农村饮水的有效供给[14]。除了对农村饮水的制度、管理和水质处理等环节讨论农村饮水安全性的问题,近年来,随着地震灾害给供水基础设施带来的严重破坏,研究者们开始关注供水系统应对地震灾害的地震能力。Bruneau 等人首先提出了评价供水系统等关键生命线的"TOSE"综合地震韧性评价模型[34];Balaei 等人则在"TOSE"模型基础上进一步考虑环境因素对供水系统地震韧性的影响,提出了"CARE"综合地震韧性评价模型[29]。由于我国地震灾害频繁,国内的研究者们也关注到了地震灾害对供水基础设施的影响。金书淼从经济角度建立了供水系统震后恢复力模型[68];李倩建立了供水系统地震韧性评价框架体系,主要从技术角度来评价供水系统的震后可恢复性[74]。

综上所述,供水基础设施的项目后评价主要包括供水服务的绩效评价、可持续性评价以及供水系统安全性的评价。其中,对供水服务的绩效评价和可持续评价都是针对正常情况下的供水系统进行评价,对供水系统的灾害安全性评价,主要是对系统的震后可恢复性进行静态评价,并未考虑供水系统完整的地

震灾害管理周期(备灾、应急响应和灾后恢复)。第4章的研究结果揭示了农村
供水系统经济、环境等多维度因素之间的制约关系,并验证了灾害管理周期下
供水系统吸收能力、适应能力以及灾后恢复能力之间的因果关系。地震发生
前,农村供水系统备灾阶段具有的经济韧性、环境韧性、社会韧性、组织韧性和
技术韧性对供水系统服务能力的综合影响形成了备灾阶段的吸收能力;地震发
生后,在应急响应阶段采取的应急措施以及供水系统的吸收能力对应急阶段供
水服务的综合影响形成了应急响应阶段的适应能力;在灾后恢复阶段,供水系
统的适应能力和灾后恢复措施对灾后恢复阶段供水服务的综合影响形成了灾
后恢复阶段的恢复能力。已有研究发现,供水系统的地震韧性具有时空特性,
在评价供水系统地震韧性时,考虑到灾害管理周期下存在众多不确定因素,越
来越多的研究者强调关注各维度之间的动态联系[50]。为了揭示各维度因素之
间的动态关系对农村供水系统地震韧性的影响,本研究在第4章验证了农村供
水系统地震韧性影响机制的基础上,提出了不完全信息下多阶段农村供水系统
地震韧性评价框架(见图5.2),评价框架中涉及的变量和因素之间的对应关系
见表5.1。

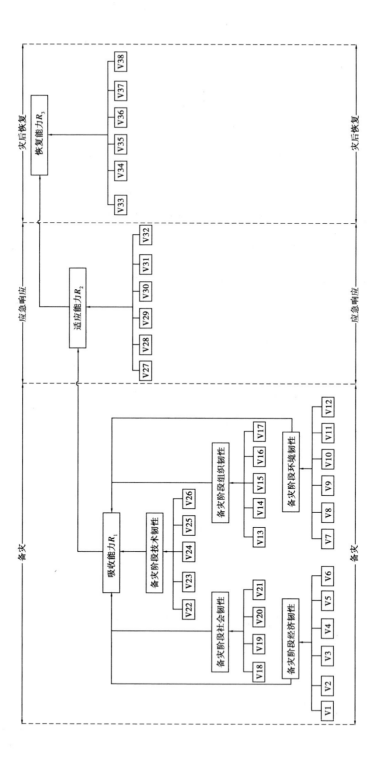

图5.2 不完全信息下多阶段农村供水系统地震韧性动态评价框架图

表5.1 评价模型中变量和影响因素的对应关系

变量	因素代码	因素名称	变量	因素代码	因素名称
V1	CF22	社会参与率	V20	CF25	社会信任
V2	CF28	可用的资金来源	V21	CF26	家庭备用水源
V3	CF30	快速融资渠道	V22	CF01	替代水源
V4	CF31	就业率	V23	CF02	抗震设计
V5	CF32	运维资金	V24	CF03	应急电力
V6	CF41	重建模式	V25	CF04	独立消防供水设计
V7	CF34	地下水存量	V26	CF06	地震预警监测
V8	CF36	地震历史	V27	CF07	剩余的服务能力
V9	CF37	地震发生时间	V28	CF09	故障智能监测
V10	CF38	地形	V29	CF11	应急计划
V11	CF39	气候条件	V30	CF14	领导力
V12	CF40	环境污染	V31	CF20	灾后用水需求
V13	CF12	应急演练	V32	CF27	应急供水
V14	CF13	有效的伙伴关系	V33	CF05	专业人员储备
V15	CF17	法律和政策	V34	CF08	系统恢复程度
V16	CF18	组织结构	V35	CF10	维修记录
V17	CF35	地震烈度	V36	CF15	决策
V18	CF21	社会宣传	V37	CF16	政治意愿
V19	CF24	地方依恋	V38	CF23	危机洞察力

5.3　建立农村供水系统地震韧性综合评价指标体系

　　构建农村供水系统地震韧性评价指标体系的目的是通过具有典型代表意义的一系列定性或定量的特征指标,将农村供水系统的地震韧性转化为可量化和可比较的一个综合度量,以便决策者可以直观地判断系统的当前状态或者进行系统之间韧性的横向比较并采取相应的改善措施。韧性评估指标将使不同级别的行政部门能够将韧性培养战略纳入缓解和防备计划[200]。本研究确定以农村供水系统地震韧性评价框架(见图5.2)为理论基础,构建农村供水系统地震韧性综合评价指标体系。基于不同的研究目的,在选取评价指标构建指标体系时研究者们通常会遵循一些特定的原则,一些研究认为指标选取需要遵守系统性、科学性、可比性、可观测性以及相互独立性原则[277],彼得在其著作《管理的实践》中提出选取指标时应遵循"SMART"(Specific、Measurable、Attainable、Realistic 以及 Timebound)原则[278]。彭张林认为建立综合评价指标体系应遵循"O-C-W-I-S-D"(Objective、Complet、Workable、Independent、Significant 和 Dynamic)原则[121]。此外,还有一些研究认为选取指标时需要遵循有效性(Validity)、敏感性(Sensitivity)、客观性(Objectivity)和简单性(Simplicity)、原则[29,279,280]。综合考虑这些研究选择指标的标准以及农村供水系统地震韧性评价的现实问题,本研究在选取指标时主要遵循以下原则:

　　(1)全面性。选取指标对对象系统进行评价,是为了对系统的某一特征进行描述和刻画,评价指标体系应该能较全面地反映系统的整体性能和特征。选取的指标之间应相互补充、相互验证,从多个维度和层面综合衡量目标对象的系统属性。

　　(2)独立性。选取的指标应尽可能相互独立。相同层次的指标之间应尽量不重叠交叉,保持较好的独立性。不同层次的指标应有针对性地得出该层次被评价对象的属性。

(3)可获取性。数据收集是构建指标最具挑战性的部分之一,尤其是在农村地区和灾害情况下,在选取评价指标时,必须考虑指标的可获取性。选取指标时应尽可能地选取相对指标,而不是绝对指标,以便后期的数据收集和评价。

(4)代表性。选取的指标应尽可能地反映对象系统的普遍特性,而不是从特定的某个系统或者某些系统抽取出来的特殊指标。具有代表性的指标可以用于测量具有同类特征的类似系统。

(5)可比较性。农村供水系统的地震韧性状态无法进行直接观测或感受。在对不同的农村供水系统地震韧性进行评价时,除了将系统韧性状态与管控阈值相比较,通常还会在不同供水系统之间进行横向比较。

表5.2 农村供水系统地震韧性评价指标体系准则层的指标选取来源

指标参照标准	ERIDPS	EnRIDPS	SRIDPS	ORIDPS	TRIDPS	Adaptive capacity	Restorative capacity
《农村饮水安全卫生评价指标体系》		Y					
《农村饮水安全评价准则》		Y					
《四川省乡(镇)供水工程技术规范》	Y	Y	Y	Y	Y		
《村镇供水工程技术规范》	Y	Y	Y		Y		
《四川省村镇集中供水工程初步设计报告编制提纲(试行)》	Y	Y	Y	Y	Y		
《建筑地震设计规范》		Y			Y	Y	Y

续表

指标参照标准	ERIDPS	EnRIDPS	SRIDPS	ORIDPS	TRIDPS	Adaptive capacity	Restorative capacity
《四川农村统计年鉴》	Y		Y				
《中国环境统计年鉴》		Y					
学术期刊	Y	Y	Y	Y	Y	Y	Y

根据第4章建立的理论框架,农村供水系统地震韧性的影响因素在灾害管理全周期内包括备灾阶段经济韧性(ERIDPS)、备灾阶段环境韧性(EnRIDPS)、备灾阶段的社会韧性(SRIDPS)、备灾阶段的组织韧性(ORIDPS)、备灾阶段的技术韧性(TRIDPS)、应急响应阶段的适应能力和灾后恢复阶段的恢复能力7个主要因素组。本研究构建的农村供水系统地震韧性评价指标体系,应当以能够对上述7个因素组进行测量为主要目的。为了保证指标体系的权威性以及数据的可获取性,在构建具体的指标体系过程中,本研究的指标体系主要参考了《农村饮水安全卫生评价指标体系》《农村饮水安全评价准则》《村镇供水工程技术规范》《建筑地震设计规范》《四川省乡(镇)供水工程技术规范》《四川省村镇集中供水工程初步设计报告编制提纲(试行)》等指标体系与规范,并结合学术期刊文献进行选择。本研究构建的农村供水系统地震韧性评价指标体系准则层的指标选取与文献对应关系见表5.2。本研究遵循传统的指标评价体系构建方法,即根据相关领域专家人工筛选的方式选取评价指标。在选取指标的过程中尽量遵循上述5个原则,并在后续第6章的实证案例中检验评价指标的正确性和实用性。表5.3显示了本研究的测量指标及测度方法。

表5.3 农村供水系统地震韧性影响因素评价指标

准则层	变量	因素名称	评价指标及描述	指标属性
备灾阶段的经济韧性	V1	社会参与率	当地农民主动参与农村供水系统建设运营和灾后重建的意愿程度	定性
	V2	可用的资金来源	用于支持灾后重建的资金来源:财政拨款、保险等	定性
	V3	快速融资渠道	快速获取灾后重建资金的渠道	定性
	V4	就业率	农村居民平均可支配收入	定量
	V5	运维资金	水费单价	定量
	V6	重建模式	系统重建(可能)采取的方式	定性
备灾阶段的环境韧性	V7	地下水存量	供水保证率:≥95%达标,90%~95%基本达标	定量
	V8	地震历史	近5年5级以上地震次数	定量
	V9	地震发生时间	地震发生时间是否是用水高峰期	定性
	V10	地形	系统所在地地形(山区、坝区或丘陵)	定性
	V11	气候条件	系统所在地气候条件(降雨量等)	定性
	V12	环境污染	水源水质检测频次	定量
备灾阶段的组织韧性	V13	应急演练	应急演练次数	定量
	V14	有效的伙伴关系	与其他组织(例如其他供水系统、电力等)保持良好的关系	定性
	V15	法律和政策	支持农村供水系统地震韧性建设的法律和政策	定性
	V16	组织结构	是否有利于农村供水系统地震韧性建设	定性
	V17	地震烈度	地震烈度大小	定量
备灾阶段的社会韧性	V18	社会宣传	社区对地震知识的宣传情况	定性
	V19	地方依恋	当地居民对居住地的归属感	定性
	V20	社会信任	对地方政府和军队地震救灾能力的信任	定性

续表

准则层	变量	因素名称	评价指标及描述	指标属性
备灾阶段的社会韧性	V21	家庭备用水源	家庭自有取水、储水设备	定性
备灾阶段的技术韧性	V22	替代水源	应急备用水源	定量
	V23	抗震设计	地震设防等级	定量
	V24	应急电力	应急供电设施	定性
	V25	独立消防供水设计	是否存在独立的消防供水设计	定性
	V26	地震预警监测	地震预警监测建设情况	定性
适应能力	V27	剩余服务能力	地震灾害发生后,系统剩余的供水能力	定性
	V28	智能故障检测	是否存在包括水压监测、断点智能报警、智能巡线等可以加速确认故障的设计	定性
	V29	应急计划	应急预案制订情况	定性
	V30	领导力	在地震救灾过程中的领导力强弱	定性
	V31	灾后用水需求	灾后实际用水需求	定性
	V32	应急供水	应急供水能力	定性
	V33	专业人员储备	专业人员储备情况	定性
灾后恢复能力	V34	系统恢复程度	系统恢复程度要求(低于/等于/高于)震前水平	定性
	V35	维修记录	是否有完整的维修记录	定性
	V36	决策	决策能力	定性
	V37	政治意愿	灾后恢复过程中的政治支持和承诺	定性
	V38	危机洞察力	及时发现其他灾害和次生灾害的能力	定性

5.4 确定评价方法

5.4.1 指标赋权方法比选

在工程实践中,不同的评价指标对于评价对象的重要性是不同的,通常使用权重系数来描述这种相对重要性的大小。权重系数的设置直接影响综合评价指数的大小,从而关系到评价的可靠度。因此,需要设计科学合理的指标赋权方法,来确保评价的科学性。确定指标权重的方法主要有主观赋权法、客观赋权法、组合赋权法三类。

主观赋权法有很多种,例如,直接设置权重法、专家打分法、层次分析法(AHP法)等。其中,20世纪70年代初Saaty教授提出的层次分析法(Analytic Hierarchy Process,AHP)是当时流行的一种确定权重的方法。AHP法帮助决策者解决了难以描述的定性决策问题,因此,被广泛运用到各个科学研究领域。但是,在建立决策模型时,由于AHP法的一些简约化设定,存在着层次内部元素之间的支配和约束关系难以表达等缺陷,容易导致计算结果不够精确,影响决策模型的结果。因此,在20世纪90年代初,Saaty教授在AHP法的基础上进一步提出了网络层次分析法(Analytic Network Process,ANP)。ANP法充分考虑了层次内部元素之间的依赖性和反馈性,对于复杂系统,可以得到更加全面、准确和科学的结论。然而,不管是AHP法还是ANP法,都过分依赖专家的经验和偏好,缺乏客观数据的支撑,存在较大的主观性和不确定性。

除了主观赋权法,近年来,客观赋权法如熵权法、主成分分析法等也得到了广泛的应用。与主观赋权法过分依赖专家的经验和判断不同,客观赋权法则完全依赖指标数据自身的联系来确定权重,无须依靠专家经验来建立判断矩阵。

与主观赋权法相比,客观赋权法通常显得数据更客观和具有普适性。但是基于纯数据驱动的客观赋权法也存在缺陷,在赋权过程中,人的参与度较低,不能有效地体现决策者对不同属性指标的重视程度,导致有时通过计算得出的权重会与属性的实际重要程度相背离。

指标权重计算是评价模型中非常重要的部分,权重计算的科学性直接影响评价结果的合理性。评价农村供水系统的地震韧性是一个复杂的决策过程,在影响供水系统地震韧性的因素中,除了定量因素(地震烈度、抗震设计等),还包括大量的定性因素(如地形地貌、有效的伙伴关系、社会宣传、社会信任等),这些因素之间存在复杂的相互制约关系,需要决策者凭借自身的知识和经验来判断,因此,适合采取 ANP 法进行赋权。但是单纯采用 ANP 法进行主观赋权,因素的评价主要依靠决策者的知识和经验来判断,难免受到决策者个人认知与偏好的影响,以致定性因素的权重确定存在较大的不确定性。为了降低定性因素权重确定的不确定性,本研究在 ANP 法主观赋权的基础上,使用熵权法获取各指标的客观权重,通过基于博弈论的 ANP 法和熵权法进行组合赋权。

5.4.2 典型的模型评价方法比选

评价是指在多因素相互作用下,对某一事物的综合判断。目前,国内外存在众多的评价方法,例如,专家评价法、数据包络分析方法、灰色综合评估法、智能模型评价方法(包括遗传算法、人工神经网络方法、蒙特卡罗法等)、证据推理理论等。对农村供水系统地震韧性进行评价是本研究的核心目标之一,结合已有文献对常用的评价方法进行对比分析,本研究拟选择合适的方法来评价农村供水系统地震韧性状态。

(1)专家评价法。专家评价法是在定量和定性分析的基础上,通过专家打分等方式做出定量的评价。专家评价法的优点是可以在缺乏足够统计数据和原始资料的情况下进行定量评估。但是,专家评价法在实际操作过程中存在两个问题:第一,面临无法保证专家的权威性及专家小组的合理性问题;第二,本方法主要依据专家的个人认知及决策偏好进行评价,导致评价结果存在较大的主观性和不确定性。因此,本研究不适合采用专家评价法进行评价。

(2)数据包络分析方法(Data Envelopment Analysis, DEA)。DEA法是根据多项投入和产出指标,通过线性规划的方法,对具有可比性的同类型单位进行相对有效性评价的一种数量分析方法。DEA法适用于对待评对象进行投入产出评价,通常在绩效评价中广泛应用[281],然而本研究没有明显的多输入及多输出的关联关系,因此,DEA法不适合本研究。

(3)灰色综合评估法。灰色综合评估是以灰色系统理论为基础,基于专家评判的综合评估方法。灰色系统理论包括灰色规划、灰色预测、灰色决策和灰色控制等一系列内容,评估方法包括灰色关联度评价、灰色聚类分析等。灰色系统理论主要研究小样本、贫信息的不确定性系统,因此在社会经济和环境评价等仅有有限样本的领域得到广泛应用[282]。

(4)智能模型评价方法。在大量的历史数据情况下具有出色的收敛能力,特点是对数据高度敏感,需要大量历史数据支撑。地震灾害是突发性灾害,一个供水系统生命周期内经历的地震次数极少(一次较大的破坏性地震可能就彻底摧毁系统),不存在大量的历史数据,且重建前后的农村供水系统大部分在物理脆弱性等方面存在较大差异,历史数据对于重建后的系统意义不大,因此这个方法不适于评价农村供水系统的地震韧性。

(5)证据推理理论(Evidential Reasoning, ER)。ER法是由证据理论进化而来的。证据理论,最早由Dempster提出[283],后来其学生Shafer对该理论进行了进一步完善[284],因此该理论又称为Dempster-Shafer理论,简称D-S理论。D-S理论是一种处理不确定问题的推理方法,与其他方法相比,D-S理论具有以下4个方面的优势[284]:①使用信任函数表达认知的不确定性,没有先验概率和条件概率密度的要求;②是传统贝叶斯理论的推广,能有效处理随机性及模糊性引起的各类不确定性;③可以有效区分"不确定"问题和"不知道"问题;④通过证据的积累不断缩小假设集。尽管D-S理论具有强大的证据组合能力,可以有效处理大部分的不确定性问题,但是当用于高冲突组合证据时,则会出现反直觉问题[285, 286]。针对反直觉问题,Yang和Xu(2002)在D-S理论证据合成规则的基础上,通过向各个证据赋权,提出了具有强解释性的ER法[287]。ER法理论的核心是信任框架,信任框架可以根据事物的先验数据和人类的认知范围进行收缩,是一个开放性系统。与传统的多属性决策方法不同,ER法提供了一种基于分布评价框架和D-S理论的证据组合规则来融合众多指标的全新方法,这个方法采用信任结构置信度的分布函数来描述方案的属性值,可以将确定的信息(定量指标属性值)与不确定的主观判断(定性指标属性值)运用统一的信任框架进行融合。ER法采取信任结构的概念来表达决策者的个人偏好,不强求决策者给出精确的属性评价值,近年来,被广泛应用到各领域解决多属性决策问题。例如,对港口应对灾害的脆弱性评价[288]和气候风险指标确定[289]、住房基础设施抵御洪水灾害的韧性评价[290]、铁路系统适应气候变化的韧性评价[291]和污水处理设施抵抗洪水灾害的资金分配方式评价[292]等,因此,ER法同样适于评价农村供水系统地震韧性。

(6)组合评价(Combination evaluation)方法。除了上述单独的评价方法,针对单一评价方法可能存在的片面性和缺陷,国内外的研究者们越来越趋向于采用两种或两种以上的方法进行组合评价。通过权重组合、评价方法的组合等方式,可以实现评价方法的优势互补,得到更为科学合理的评价结果。因此,组合评价方法被广泛运用于风险评价[293,294]、安全评价[295,296]、农村地下水水质评价[297]及工程可靠性评价[298]等领域。

农村供水系统地震韧性涉及系统的物理脆弱性(技术维度)、经济、环境、社会、组织等多个维度的定性定量影响因素,这些因素在灾害管理周期的不同阶段对农村供水系统地震韧性产生动态的影响。此外,在很多灾害情况下,要获取评价供水系统地震韧性的完整影响因素信息是非常困难的,影响因素信息的可获取性是评价供水系统当前地震韧性的一大挑战。通过比较几种典型评价方法的优劣性,本研究选取ER法作为主要评价方法,用以解决评价过程中定性指标属性的确定带来的不确定性问题和因素信息不完整带来的不确定性问题。其中,证据的权重则通过基于博弈论的ANP法和熵权法的组合赋权法确定。

5.5 农村供水系统地震韧性评价模型计算

本研究建立的农村供水系统地震韧性评价模型中,定性和定量因素并存,其中定性因素占绝大多数。如前所述,本研究首先采用ANP法和熵权法进行组合赋权来减少定性指标权重的不确定性;其次运用证据推理法对两种指标进行融合;最后得到一个直观的综合指数。通过与农村供水系统地震韧性管控阈值进行比较或进行系统之间的横向比较,来评价系统当前的地震韧性状态。本研究中农村供水系统地震韧性综合评价指标计算过程如图5.3所示。

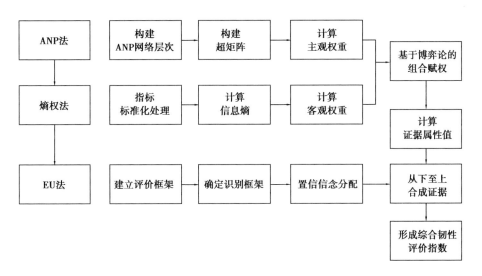

图5.3 农村供水系统地震韧性综合评价指数计算步骤

5.5.1　基于博弈论的ANP法和熵权法组合赋权

1)ANP法计算评价指标主观权重

根据Saaty教授提出的理论,使用ANP法计算权重时,首先需要建立如图5.4所示的网络结构。ANP网络结构由具有递阶关系的控制层和网络层组成。控制层分为最终的决策目标层及若干个决策准则层,决策目标层位于ANP网络结构的最顶层,每个ANP网络结构至少应包含一个及以上的决策目标。控制层中的决策准则层受到决策目标层支配,各准则之间互相独立,决策准则层不是必需的,根据实际情况需要,ANP网络结构中可以构建零到若干个决策准则。网络层由控制层支配的元素组成,包含多个元素组,可以是单层结构(所有元素都处于同一层次),也可以是多层结构(元素处于不同的层次)。网络层中的元素之间存在两种相互关系:组内关系(同一元素组内元素之间的相互影响关系)和组件关系(不同元素组之间的元素相互影响关系),这些元素之间的相互影响形成了网络层中的网络结构。

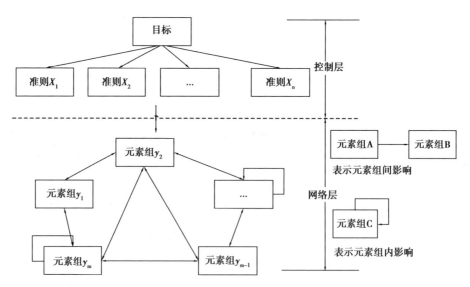

图5.4　ANP典型网络结构示意图

与传统的AHP法相似,ANP法中所有元素的权重都是通过专家两两比较获得的。不同的是,ANP网络结构中比较元素之间不一定相互独立,可能存在复杂的影响关系。因此,ANP法的两两比较存在两种形式:

①直接优势度:两两比较元素对于给定准则的相对重要程度。

②间接优势度:两两比较元素对于给定准则下对第三个元素(次准则)的相对重要程度。

假设ANP网络结构的控制层中有若干个因素C_i(其中,$i=1,2,\cdots,m$),网络层中有若干个因素N_j(其中,$j=1,2,\cdots,n$),通过比较因素N_j相对于准则C_i的直接优势度和间接优势度,构建超矩阵$\boldsymbol{W}_{i_j}$:

$$\boldsymbol{W}_{i_j} = \begin{bmatrix} w_{i_1}^{j_1} & \cdots & w_{i_1}^{j_n} \\ \vdots & & \vdots \\ w_{i_m}^{j_1} & \cdots & w_{i_m}^{j_n} \end{bmatrix} \tag{5.1}$$

经过逐一比较,总共形成n个非负的超矩阵$\boldsymbol{W}_{i_j}$。由于$\boldsymbol{W}_{i_j}$的每一列表示准则层内部各元素对某一准则层的排序,因此,$\boldsymbol{W}_{i_j}$是列归一化的。但是,比较过程中尚未考虑其他准则层对该准则层中因素的影响,故由n个$\boldsymbol{W}_i$组成的超矩阵W还没有实现列归一化。所以,需要对超矩阵W的元素进行归一化处理,由此得到归一化的排序向量$\boldsymbol{A}$:

$$\boldsymbol{A} = \begin{bmatrix} a_{11} & \cdots & a_{1n} \\ \vdots & & \vdots \\ a_{n1} & \cdots & a_{nn} \end{bmatrix} \tag{5.2}$$

把矩阵$\boldsymbol{A}$和超矩阵$\boldsymbol{W}$相乘得到加权超矩阵$\overline{\boldsymbol{W}}$:

$$\overline{\boldsymbol{W}} = \boldsymbol{A} \times \boldsymbol{W} \tag{5.3}$$

在ANP网络结构中,各评价指标之间并不相互独立,存在相互的影响和反馈关系,在计算过程中,需要通过不断的影响反馈来使各评价指标的权重趋于稳定。为了求取各评价指标的稳定权重,需要对加权超矩阵$\overline{\boldsymbol{W}}$进行稳定处理,即计算极限相对排序量:

$$\overline{W}^{\infty} = \lim_{n \to \infty} \frac{1}{n} \sum_{i=1}^{n} \overline{W}^{k} \qquad (5.4)$$

如果存在唯一收敛的极限,则 $\overline{W}^{\infty}$ 的第 j 列为网络层指标的相对排序量,即 ANP法求得的主观权重。由于超矩阵的计算量十分庞大,本研究使用超级决策软件(Super Decisions,SD)进行求解。

2)熵权法计算评价指标客观权重

熵最开始是一个物理学概念,表示某种能量在空间中分布的均匀程度,能量分布越均匀,熵就越大。后来,Shannon将熵的概念引入通信工程领域[303],用于表示对不确定性的度量:不确定性越大,熵就越大,包含的信息量越大;不确定性越小,熵就越小,包含的信息量就越小。熵权法计算指标权重包括以下步骤:

步骤一:指标数据标准化处理

假设总共有 n 个样本,m 个指标,则 x_{ij} 为第 i 个样本中第 j 个指标的数值($i=1,2,\cdots,n;j=1,2,\cdots,m$);对于正向指标,归一化公式如下:

$$x_{ij}' = \frac{x_{ij} - \min\left\{x_{1j}, \cdots, x_{nj}\right\}}{\max\left\{x_{1j}, \cdots, x_{nj}\right\} - \min\left\{x_{1j}, \cdots, x_{nj}\right\}} \qquad (5.5)$$

对于负向指标,归一化公式如下:

$$x_{ij}' = \frac{\max\left\{x_{1j}, \cdots, x_{nj}\right\} - x_{ij}}{\max\left\{x_{1j}, \cdots, x_{nj}\right\} - \min\left\{x_{1j}, \cdots, x_{nj}\right\}} \qquad (5.6)$$

式(5.5)和式(5.6)中,x_{ij} 为第 i 个指标第 j 份问卷的标准值,x_{ij}' 为标准化后的无量纲指标,$\max(x_{ij})$ 和 $\min(x_{ij})$ 分别是第 i 个指标下的最大值和最小值。标准化后的矩阵记为 X_{ij}^{*}。本研究中用于熵权法评价的指标属性见表5.4。

表5.4   农村供水系统地震韧性评价指标属性

准则层	变量	因素名称	指标及描述	指标性质
备灾阶段的经济韧性	V1	社会参与率	当地农民主动参与农村供水系统建设运营和灾后重建的意愿程度	正
	V2	可用的资金来源	用于支持灾后重建的资金来源:财政拨款、保险、贷款、社会资本等	正
	V3	快速融资渠道	快速获取灾后重建资金的渠道(如财政审批绿色通道等)	正
	V4	就业率	农村居民平均可支配收入	正
	V5	运维资金	水费单价	正
	V6	重建模式	系统重建(可能)采取的方式	正
备灾阶段的环境韧性	V7	地下水存量	供水保证率:≥95%达标,90%~95%基本达标	正
	V8	地震历史	近5年5级以上地震次数	正
	V9	地震发生时间	地震发生时间是否在用水高峰期或者枯水期	正
	V10	地形	系统所在地地形(山区、坝区或丘陵)	正
	V11	气候条件	系统所在地气候条件(降雨量等)	正
	V12	环境污染	水源水质检测频次	正
备灾阶段的组织韧性	V13	应急演练	应急演练次数	正
	V14	有效的伙伴关系	与其他组织(其他供水系统、电力公司及环保局等)的关系	正
	V15	法律和政策	是否有相关的法律或者政策支持农村供水系统地震韧性建设	正
	V16	组织结构	组织结构是否有利于提高农村供水系统地震韧性	正
	V17	地震烈度	系统所在地的地震烈度大小	正
备灾阶段的社会韧性	V18	社会宣传	社区是否通过短信、广告牌、传单等方式对地震知识进行广泛的宣传	正
	V19	地方依恋	当地居民对居住地的归属感	正

续表

准则层	变量	因素名称	指标及描述	指标性质
备灾阶段的社会韧性	V20	社会信任	对地方政府和军队地震救灾能力的信任	正
	V21	家庭备用水源	家庭是否有水井、水槽等储水设备	正
备灾阶段的技术韧性	V22	替代水源	是否存在应急备用水源	正
	V23	地震设计	地震设防等级	正
	V24	应急电力	是否有应急电源	正
	V25	独立消防供水设计	是否独立的消防供水设计	正
	V26	地震预警监测	是否有地震预警系统/应用	正
适应能力	V27	剩余的服务能力	地震灾害发生后,系统剩余的供水能力	正
	V28	故障智能监测	是否存在包括水压监测、断点智能报警、智能巡线等可以加速确认故障的设计	正
	V29	应急计划	是否制订应急计划	正
	V30	领导力	领导者的领导力强弱	正
	V31	灾后用水需求	灾后实际用水需求	正
	V32	应急供水	应急供水能力	正
	V33	专业人员储备	运营和维护人员配比情况	正
灾后恢复能力	V34	系统恢复程度	系统恢复情况:(低于/等于/高于)原来的水平	正
	V35	维修记录	是否有完整的维修记录	正
	V36	决策	恢复阶段的决策能力	正
	V37	政治意愿	在供水系统灾后恢复过程中的政治支持和承诺	正
	V38	危机洞察力	及时发现其他灾害和次生灾害的能力	正

步骤二:计算指标的信息熵

计算第 j 项指标下第 i 个样本值占该指标的比重:

$$p_{ij} = \frac{x_{ij}}{\sum_{i=1}^{n} x_{ij}} \qquad (5.7)$$

式中, n 代表参与评价的样本数。

计算第 j 项指标的熵值:

$$E_j = -k \sum_{i=1}^{n} p_{ij} \ln\left(p_{ij}\right), j = 1, \cdots, m \qquad (5.8)$$

式中, $k = \frac{1}{\ln n} > 0$, 满足 $E_j \geqslant 0$ 。

计算信息熵冗余度(差异):

$$d_j = 1 - E_j, j = 1, \cdots, m \qquad (5.9)$$

式中, m 表示指标的总数; d_j 表示第 j 个指标的信息熵冗余度。

步骤三:计算各项指标的客观权重

$$w_j = \frac{d_j}{\sum_{j=1}^{m} d_j} \qquad (5.10)$$

式中, m 表示指标的总数; w_j 为第 j 个指标权重,即采用熵权法求出的客观权重。

3)基于博弈论的最优组合赋权

根据 ANP 法确定的主观权重可以较好地反映决策者的意向,但指标权重的确定过分依赖专家的个人知识和经验,容易受到专家个人偏好的影响,为了减小专家主观偏好给指标权重带来的不确定性,本研究使用熵权法和 ANP 法进行主客观组合赋权。基于博弈论的组合赋权法是以纳什均衡为目标,寻找主客观权重间的一致和妥协,其集成过程不是简单的物理过程,而是以寻找二者最大化利益为目标,相互比较、相互协调的过程,能够更全面地考虑各评价指标的固有信息,减少主观随意性从而提高指标赋权的科学合理性。本研究基于博弈论组合赋权的赋权步骤如下[301,304]:

（1）确定组合权重计算公式。按照前面的计算步骤分别使用ANP法和熵权法计算灾害管理周期不同阶段韧性指标的权重。基本权重向量集 $W_k = \{w_{k1}, w_{k2}, \cdots, w_{kn}\}$（$k=1,2,\cdots,L$），其中 k 为权重方法个数，n 为地震韧性评价指标数量。本研究使用ANP法和熵权法计算权重，因此 L 为2。设线性组合权重系数 $\varnothing = \{\varnothing_1, \varnothing_2, \cdots, \varnothing_n\}$。则组合权重 W_m 可以表示为：

$$W_m = \sum_{k=1}^{N} \varnothing_k W_k^T, \varnothing_k > 0, k = 1, 2 \tag{5.11}$$

（2）优化组合权重系数。根据博弈论的思想，寻找主客观权重之间的一致和妥协，以 W_i 和 W_m 的离差最小为目标，对式（5.11）中2个线性权重系数 $\varnothing_k$ 进行优化，得到 W_m 中最满意的权重，其目标函数为：

$$\min \left\| \sum_{k=1}^{N} \varnothing_k W_k^T - W_k \right\|_2, k=1, 2 \tag{5.12}$$

对式（5.12）进行求导可得：

$$\begin{bmatrix} \omega_1 \omega_1^T & \omega_1 \omega_2^T \\ \omega_2 \omega_1^T & \omega_2 \omega_2^T \end{bmatrix} \begin{bmatrix} \varnothing_1 \\ \varnothing_2 \end{bmatrix} = \begin{bmatrix} \omega_1 \omega_1^T \\ \omega_2 \omega_2^T \end{bmatrix} \tag{5.13}$$

（3）计算组合赋权系数。将计算得到的优化组合系数 $\varnothing_k$ 进行归一化处理：

$$\varnothing_k^* = \frac{\varnothing_k}{\sum_{k=1}^{n} \varnothing_k}, k=1, 2 \tag{5.14}$$

$$W^* = \sum_{k=1}^{n} \varnothing_k^* W_k^T, k=1, 2 \tag{5.15}$$

其中，W^* 为组合赋权系数。

5.5.2　基于ER法计算评价指标属性值

ER法采取信任结构的概念来表达决策者的个人偏好。当使用ER法进行计算时，通常包括建立评价框架、确定识别框架、证据信念置信分配、证据合成及指标归一化处理5个步骤。

1)建立评价框架

在运用ER法进行综合指标合成之前,先需要建立评价框架,本研究以最简单的两级评价框架为例进行阐述(见图5.5)。假设框架中共有 j 个位于底部的基本属性 (A) 与位于框架顶部的综述性 (X) 有关,则基本属性 (A) 的定义及权重如下:

$$A = \{a_1, \cdots, a_i, \cdots, a_j\} \tag{5.16}$$

$$\varnothing = \{\varnothing_1, \cdots, \varnothing_i, \cdots, \varnothing_j\} \tag{5.17}$$

其中, $\varnothing_i$ 表示第 i 个基本属性的相对权重,且 $0 \leqslant \varnothing_i \leqslant 1$。权重在ER法的证据合成过程中起着重要作用,如前所述,在本研究中,通过ANP法和熵权法进行组合赋权确定。

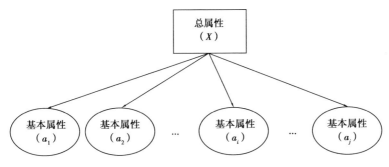

图5.5 ER法基本评价框架

假设单个农村供水系统地震韧性的评价问题 $S = (a, R, f)$,其中 $a = \{a_i, i = 1, 2, \cdots, M\}$ 表示韧性评价层次结构中最低层级的影响因素。对于每个决策属性 $a_i(=1, 2, \cdots, M)$, $f: a \rightarrow R(a)$, $f(a_i) \in X(a_i)$, $R = U_{a_i \in a} R(i = 1, 2, \cdots, M)$。 $R(a_i)$ 为单决策方案在决策属性 a_i 下的属性值。如果拟评价的供水系统地震韧性中存在一个或多个决策属性 $a_i(i = 1, 2, \cdots, M)$ 属性值空缺,则称此类多属性决策问题为不完全信息下的农村供水系统地震韧性评价问题。

根据本章5.2节确定的农村供水系统地震韧性评价框架,评价指标可分为三个层级:第一层级为灾害管理周期下各阶段(备灾、应急响应及灾后恢复阶段)韧性评价目标,采用$R_k(k=1,2,3)$表示,其中R_1表示备灾阶段系统的吸收能力;R_2表示应急响应阶段系统的适应能力;R_3表示灾后恢复阶段系统的恢复能力,是评价框架的最高层级。第二层级为因素组,采用$X_j(j=1,2,3,4,5)$表示,其中X_1表示备灾阶段的经济韧性、X_2表示备灾阶段的环境韧性、X_3表示备灾阶段的组织韧性、X_4表示备灾阶段的社会韧性、X_5表示备灾阶段的技术韧性,是评价框架的准则层。第三层级为影响因素,采用$V_i(i=1,2,\cdots,38)$表示,各个变量和影响因素之间的对应关系见表5.1,而各个层级指标之间的关系如图5.2所示。

2)确定识别框架

假设农村供水系统地震韧性评价指标的定性评价等级有N个,如式(5.18)所示:

$$H = \{H_1, H_2, \cdots, H_N\} \tag{5.18}$$

H被称为识别框架(Frame of Discernment),是对这些指标所能认识到的所有可能评价的集合,H的选取依赖于评价人员(专家)的先验知识和认识水平。其中,H_j表示第j个评价等级,通常假设对H_{j+1}的偏好(效应)比H_j大。以一个3级评价标准为例,$H=\{差,中,好\}$,"好"的效应要大于"中"的效应。因此,对第j个指标的评价可以按式(5.19)表述:

$$S(V_i) = \{(H_n, \beta_{n,i}), n = 1, 2, \cdots, N\}, i = 1, 2, \cdots, M \tag{5.19}$$

其中,$\beta_{n,i}$表示第i个属性的第n等级评价标准的置信度,$\beta_{n,i} \geq 0$,$\sum_{n=1}^{N} \beta_{n,i} \leq 1$。$\sum_{n=1}^{N} \beta_{n,i} = 1$表示信息完全时的评价,而$\sum_{n=1}^{N} \beta_{n,i} < 1$表示不完全信息条件下的评价,当$\sum_{n=1}^{N} \beta_{n,i} = 0$时,表示信息完全空缺。

3)进行证据的置信信念分配

本研究构建的农村供水系统地震韧性评价模型中,既有定性评价指标,也有定量评价指标,其中定性指标占绝大多数。运用ER法进行指标融合,需要在相同评价等级下计算定性指标和定量指标的隶属度,因此先要对两种指标进行归一化处理,以满足信息融合的要求。本研究中,所有的指标评价等级均采用$H=\{H_1, H_2, \cdots, H_N\}$($N=1, 2, 3, 4, 5$)。

(1)定量指标归一化处理。定量指标的转换可以通过效用函数进行转换,也可以使用区间最大值最小值公式计算的方式进行转换。定量指标属性的表达方式也分为点值表示和区间表示。定量指标的属性包含效益型和成本型,两种不同类型指标的归属度计算方法存在明显差异。假设定量指标V_i转化为定性评价等级$H=\{H_1, H_2, \cdots, H_N\}$时,对应的属性值为$S_i=\{S_i^1, S_i^1, \cdots, S_i^N\}$,本研究采用5级评价,则$N$取5。对于采用点值表示的定量属性$a_i$的$\beta_{n,i}$归属度函数的计算方法如下[51]:

定义 5.1　当$\forall s_i \in [s_i^l, s_i^{l+1}]$,$s_i^l < s_i^{l+1}$,$l \in [1, 2, \cdots, N-1]$时,则

效益型定量指标转换公式为:

$$\beta_{l,i} = \frac{s_i^{l+1} - s_i}{s_i^{l+1} - s_i^l} \tag{5.20}$$

$$\beta_{l+1,i} = 1 - \beta_{l,i} \tag{5.21}$$

成本型定量指标转换公式为:

$$\beta_{l,i} = \frac{s_i - s_i^l}{s_i^{l+1} - s_i^l} \tag{5.22}$$

$$\beta_{l+1,i} = 1 - \beta_{l,i} \tag{5.23}$$

其中,$u^l(V_i)$和$u^{l+1}(V_i)$代表了指标s_i隶属于评价等级s_i^l和s_i^{l+1}的隶属程度。式(5.20)—式(5.23)揭示了效益型和成本型属性之间的转换差异,以区间方式表达的属性转换均以效益型属性为例,以成本方式表达的属性转换均按照此方法进行调整。

定义 5.2　假设属性V_i的属性值$s_i=[c, d]$,当$\forall s_i \in [s_i^l, s_i^{l+1}]$,$s_i^l < c < d < s_i^{l+1}$,$l \in [1, 2, \cdots, N-1]$时,则

$$\beta_{l,i} = \frac{c + d - 2s_i^l}{2(s_i^{l+1} - s_i^l)} \tag{5.24}$$

$$\beta_{l+1,i} = 1 - \beta_{l,i} \tag{5.25}$$

其中，$\beta_{l,i}$ 和 $\beta_{l+1,i}$ 代表了属性值 s_i 隶属于评价等级 s_i^l 和 s_i^{l+1} 的隶属程度。

定义 5.3 假设属性 a_i 的属性值 $s_i = [c, d]$ 为区间值，当 $\forall s_i \in [s_i^l, s_i^{l+1}]$，$s_i^l < c < s_i^{l+1}$，$s_i^{l+1} < d < s_i^{l+2}$，$l \in [1, 2, \cdots, N-2]$ 时，则

$$\beta_{l,i} = \frac{\left(s_i^{l+1} - c\right)^2}{2(d-c)(s_i^{l+1} - s_i^l)} \tag{5.26}$$

$$\beta_{l+1,i} = \frac{1}{2(d-c)}\left(\left(\frac{c - s_i^l}{(s_i^{l+1} - s_i^l)} + 1\right) \times \left(s_i^{l+1} - c\right) + \left(\frac{s_i^{l+2} - d}{(s_i^{l+1} - s_i^l)} + 1\right) \times \left(d - s_i^{l+1}\right)\right) \tag{5.27}$$

$$\beta_{l+2,i} = \frac{(d - s_i^{l+1})^2}{2(d-c)(s_i^{l+2} - s_i^{l+1})} \tag{5.28}$$

其中，$\beta_{l,i}$，$\beta_{l+1,i}$ 和 $\beta_{l+2,i}$ 代表属性值 s_i 隶属于评价等级 s_i^l，s_i^{l+1} 和 s_i^{l+2} 的隶属程度。

定义 5.4 如果属性 V_i 的属性值 $s_i = [c, d]$ 为区间值，当 $s_i^l < c < s_i^{l+1}$，$s_i^k < d < s_i^{k+1}$，$l, k \in [1, 2, \cdots, N-1]$，且 $k > l$ 时，则

$$\beta_{l,i} = \frac{(s_i^{l+1} - c)^2}{2(d-c)(s_i^{l+1} - s_i^l)} \tag{5.29}$$

$$\beta_{l+1,i} = \frac{1}{2(d-c)}\left(\left(\frac{c - s_i^l}{s_i^{l+1} - s_i^l} + 1\right) \times \left(s_i^{l+1} - c\right) + \left(s_i^{l+2} - s_i^{l+1}\right)\right) \tag{5.30}$$

$$\beta_{k-1,i} = \frac{s_i^{k-1} - s_i^{k-2}}{d - c} \tag{5.31}$$

$$\beta_{k,i} = \frac{1}{2(d-c)}\left(\left(\frac{s_i^k - d}{s_i^{k+1} - s_i^k} + 1\right) \times \left(d - s_i^k\right) + \left(s_i^k - s_i^{k-1}\right)\right) \tag{5.32}$$

$$\beta_{k+1,i} = \frac{1}{2(d-c)}\frac{\left(d - s_i^k\right)^2}{s_i^{k+1} - s_i^k} \tag{5.33}$$

其中，$\beta_{l,i}$，$\beta_{l+1,i}$，$\cdots$，$\beta_{k+1,i}$ 分别表示属性值 s_i 隶属于评价等级 s_i^l，$\cdots$，s_i^{k+1} 的隶属程度，且 $\sum_{s=l}^{k+1} \beta_{s,i} = 1$。

根据以上 4 条定义，可以得出定量指标用评价等级 H_n 表示的属性值：

$$S(V_i) = \{(H_n, \beta_{n,i}), n = 1, 2, \cdots, N\}, i = 1, 2, \cdots, L \qquad (5.34)$$

当定量指标给出具体指标属性值时，表明该指标是完全确定的，信息完全，则 $\beta_H = 0$。

（2）定性指标归一化处理。在进行多属性决策的过程中，很多时候无法对事件进行准确的量化描述，只能采取定性的描述。此外，农村供水系统地震韧性评价涉及灾害管理全周期多维因素的综合判断，基于单个决策者有限的经验和认知难以做出正确的评价，为此本研究采用群决策方法，根据多个专家的意见确定评价模型中各个定性指标的属性值。

如前所述，本研究所有的指标评价等级均采用 $H = \{H_1, H_2, \cdots, H_N\}$（$N = 1, 2, 3, 4, 5$），由于定性指标属性也分为效益型和成本型两类，为了保持后期信息融合时效应的一致性，本研究对两种类型的属性评价等级进行统一设置：效益型属性设置为 $H = \{H_1, H_2, H_3, H_4, H_5\} = \{$很差，较差，一般，较高，很高$\}$；成本型属性则设置为 $H = \{H_1, H_2, H_3, H_4, H_5\} = \{$很高，较高，一般，较低，很低$\}$。假设由 e 个专家组成评价小组，α_{in}^j 表示专家 j 从预设的评价等级集合中选择 m 个（$m = 1, 2, 3, 4, 5$）评价等级作为拟评价指标 V_i 的评价值，则有：

$$W_i^j = \{(H_n, \alpha_{n,i}^j), n = 1, 2, \cdots, N\}, i = 1, 2, \cdots, M; j = 1, 2, \cdots, e \qquad (5.35)$$

其中，$W_i^j = (\alpha_{i,n}^j)_{1 \times N}$ 为第 j 个专家关于 i 个属性的评价矩阵，$\sum_{n=1}^{M} \alpha_{in}^j = 1$。

在获取所有专家对某一因素的评价结果后，还需对各位专家的评价结果进行合成。本研究中各专家进行独立评价，且专家们的评价意见被认为是同等重要的，因此，意见融合过程中各位专家的评价结果权重均为 $1/e$。各定性指标的属性值计算公式如式（5.36）所示：

$$S(V_i) = \{(H_n, \beta_{n,i}), (H, \beta_{N,i}), n = 1, 2, \cdots, N\}, i = 1, 2, \cdots, L \qquad (5.36)$$

其中，$\beta_{n,i}$ 表述第 i 个属性的 n 等级评价标准的置信度：$\beta_{n,i} \geq 0$ 且 $\sum_{n=1}^{N} \beta_{n,i} \leq 1$。当评价小组中的专家成员对所有定性指标都能给出具体的语言评价时，$\sum_{n=1}^{N} \beta_{n,i} = 1$，即为完全信息下的农村供水系统地震韧性评价问题，当评价小组中的专家成员对某些指标无法给出具体的语言评价时,用"—"表示,则该指标属性的评价信息等级为空,$\sum_{n=1}^{N}\beta_{n,i} < 1$,即为不完全信息下的系统韧性评价问题。

4)证据合成

ER法最后一步也是最重要的一步是进行证据合成。其计算法则是通过同一识别框架将两个不完全冲突的证据信任函数通过Dempster合成法则计算出一个新的信任函数,当有两个以上的不同证据的信任函数时,以同样的合成方法依次进行叠加计算,直至将所有证据的信任函数全部合成。最终的合成结果即为多个证据联合作用下的信任函数。

设β_n表示农村供水系统地震韧性综合评价指标$R_m(m=1,2,3)$在评价等级H_n下的置信度,通过ER法将所有与总指标$R_m(m=1,2,3)$相关联的子指标通过Dempster合成法则进行合成。具体计算过程如下:

$$m_{n,k} = \omega_k \beta_{n,k}, n = 1, 2, \cdots, P \tag{5.37}$$

$$m_{H,k} = 1 - \sum_{n=1}^{P} m_{n,k} = 1 - \omega_k \sum_{n=1}^{P} \beta_{n,k} \tag{5.38}$$

其中,$m_{n,k}$表示第k个子指标支持总指标$R_m(m=1,2,3)$评价等级H_n的基本概率函数,$m_{H,k}$表示第k个子指标未分配给等级P中任何一个等级的剩余概率函数。

将$m_{H,k}$拆分为两部分,即$\overline{m}_{H,k}$和$\widetilde{m}_{H,k}$:

$$\overline{m}_{H,k} = 1 - \omega_k \tag{5.39}$$

$$\widetilde{m}_{H,k} = \omega_k \left(1 - \sum_{n=1}^{N} \beta_{n,k}\right) \tag{5.40}$$

$$m_{H,k} = \overline{m}_{H,k} + \widetilde{m}_{H,k} \tag{5.41}$$

其中,$\overline{m}_{H,k}$是ω_k的减函数,其值的大小由所有子指标的权重大小决定,是剩余概率函数的第一部分。$\widetilde{m}_{H,k}$是剩余概率函数的第二部分,其值代表了对子指标的评价不完全程度。如果对第k个指标的评价是完全的,则其值为零。

设$m_{n,I(k)}$表示由k个子指标合成得出的农村供水系统地震韧性综合评价指标$R_m(m=1,2,3)$的概率函数,而$m_{H,I_{(k)}}$表示k个子指标属性值合成后的剩余概率函数。则合成后的概率函数表示如下：

$$\{H_n\}: m_{n,I(k+1)} = K_{I(k+1)} [m_{n,I(k)} m_{n,k+1} + m_{H,I(k)} m_{n,k+1} + m_{n,k} m_{H,k+1}] \quad (5.42)$$

$$\{H\}: \tilde{m}_{H,I(k+1)} = K_{I(k+1)} [\tilde{m}_{H,I(k)} \tilde{m}_{n,k+1} + \overline{m}_{H,I(k)} \tilde{m}_{n,k+1} + \tilde{m}_{H,I(k)} \overline{m}_{H,k+1}] \quad (5.43)$$

$$\{H\}: \overline{m}_{H,I(k+1)} = K_{I(k+1)} [\overline{m}_{H,I(k)} \overline{m}_{H,k+1}] \quad (5.44)$$

$$K_{I(k+1)} = [1 - \sum_{t=1}^{N} \sum_{\substack{j=1 \\ j \neq t}}^{N} m_{t,I(k)} m_{j,k+1}]^{-1}, k = 1, 2, \cdots, l-1 \quad (5.45)$$

当完成所有子指标的合成后，再将$m_{H,I(L)}$按比例分配给各个评价等级，分配方式如下：

$$\{H_n\}: \beta_n = \frac{m_{n,I(L)}}{1 - \overline{m}_{H,I(L)}} \quad (5.46)$$

$$\{H\}: \beta_H = \frac{\tilde{m}_{n,I(L)}}{1 - \overline{m}_{H,I(L)}} \quad (5.47)$$

其中，β_n代表等级H_n被评价的概率，β_H代表由于信息缺失引起的未分配的置信度。则对农村供水系统地震韧性指标$R_m (m=1,2,3)$的评价信任函数表示如下：

$$S(R_m) = \{(H_n, \beta_n), (H, \beta_H), m = 1, 2, 3; n = 1, 2, \cdots, L\} \quad (5.48)$$

5.5.3 形成综合评价指数

基于ANP法和熵权法计算出了各评价指标的权重，并通过ER法计算出各评价指标的属性值，并通过ER法逐层加权算出各子目标和总目标的加权属性值。但是式(5.48)所表示的农村供水系统地震韧性指标$R_m (m=1,2,3)$是以信任区间的方式进行表达，决策者很难直观判断农村供水系统地震韧性状态的好坏或者与其他系统进行横向比较。本研究基于效用理论对用信任区间表示的$S(R_m)$进行转化，且转化成单一的数值形式，根据期望效应来界定评价等级H_n的效应值。假设评价等级H_n的效应值为$u(H_n)$，且满足

$$u(H_{(n+1)}) > u(H_{(n)}) \quad (5.49)$$

在子指标的评价过程中，如果有子指标存在信息缺失的情况，则会造成总指标$R_m (m=1,2,3)$未分配的置信度β_H大于零，从而造成总指标$R_m (m=1,2,3)$对

应评价等级 H_n 的权重为区间分布 $[\beta_n, \beta_n + \beta_H]$。评价等级最低的 H_1，其对应的效应值最小；而评价等级最高的 H_n 则对应最大的效应值。农村供水系统地震韧性指标 $R_m(m=1,2,3)$ 的总效应可以采用 3 种形式表示：最小总效应、最大总效应和平均总效应，其计算公式如下：

$$u_{\min}(R_m) = (\beta_1 + \beta_H)u(H_1) + \sum_{n=2}^{N}\beta_n u(H_n) \qquad (5.50)$$

$$u_{\max}(R_m) = \sum_{n=1}^{N-1}\beta_n u(H_n) + (\beta_n + \beta_H)u(H_n) \qquad (5.51)$$

$$u_{\mathrm{avg}}(R_m) = \frac{u_{\max}(x) + u_{\min}(x)}{2} \qquad (5.52)$$

当 $\beta_H = 0$，即被评价的子指标均为完全信息时，有 $u_{\max}(R_m) = u_{\min}(R_m) = u_{\mathrm{avg}}(R_m)$。由于 $u_{\mathrm{avg}}(R_m)$ 无法准确表达农村供水系统地震韧性状态，其与阈值的对比可能会对决策者产生误导[54]，因此本研究仅使用最小值、最大值及不确定概率 (β_H) 来评价农村供水系统地震韧性状态。

5.6 灾害管理周期农村供水系统地震韧性评价模型评价步骤

如前所述，农村供水系统在运营过程中，可能经历备灾、应急响应及灾后恢复 3 个不同的地震灾害管理阶段。根据前面的研究结论，农村供水系统在灾害管理周期各阶段的地震韧性状态是一个动态变化过程：在备灾阶段表现为系统的吸收能力、在应急响应阶段表现为系统的适应能力和在灾后恢复阶段表现为系统的恢复能力。根据本章 5.2—5.4 节确定不完全信息下多阶段农村供水系统地震韧性的评价指标体系及相应的权重和属性值的计算方法和评价流程，下面对灾害管理周期下各阶段供水系统地震韧性的评价步骤作简要说明。

5.6.1 评价农村供水系统备灾阶段的吸收能力

地震灾害发生前,农村供水系统长期处于备灾阶段,根据 ANP 法和熵权法对备灾阶段的评价指标进行组合赋权,决策层次结构如图 5.6 所示。此外,根据 5.5 节提出的属性评价方法确定每个评价指标的属性值 $S(V_i) = \{(H_n, \beta_{n,i})\}, (H, \beta_{H,i}),\ n = 1, 2, \cdots, N\}, i = 26$。在此基础上,根据 ER 法对各个层级进行加权属性融合,并计算出备灾阶段农村供水系统的吸收能力 $S(R_1) = \{(H_n, \beta_{n,1}), (H, \beta_{H,1}), n = 1, 2, \cdots, N\}$。最后将使用信任函数表示的吸收能力 $S(R_1)$ 转化为用单一数值表示的效应值,通过与阈值相比较或与其他供水系统进行横向比较来判断系统备灾阶段吸收能力的优劣。

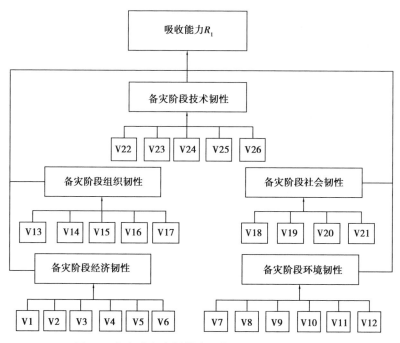

图5.6 备灾阶段农村供水系统地震韧性评价框架

5.6.2 评价农村供水系统应急响应阶段的适应能力

地震灾害发生后,当地震灾害对系统的破坏超过系统的吸收能力,则供水系统进入应急响应阶段。在这个阶段,通过组织、社会等各维度的应急抢险措施,为当地群众提供必需的供水服务以弥补供水系统自身服务的不足,共同形成供水系统应急响应阶段的适应能力。在没有评价指标信息变动的情况下,备灾阶段各评价指标的属性值和权重保持不变。同时,需要额外增加应急抢险措施因素的属性值评估及权重的计算。此外,需要计算备灾阶段系统的吸收能力与应急响应阶段各因素之间的相对权重,如图 5.7 所示。根据 ER 法计算应急响应阶段的适应能力 $S(R_2)=\{(H_n,\beta_{n,2}),(H,\beta_{H,2}),n=1,2,\cdots,N\}$,并转化为相应的效应值,通过与阈值相比较或与其他供水系统进行横向比较来判断系统应急响应阶段适应能力的优劣。

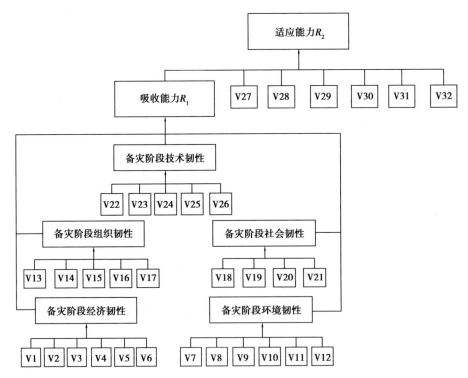

图 5.7 应急响应阶段农村供水系统地震韧性评价

5.6.3 评价农村供水系统灾后恢复阶段的恢复能力

进入灾后恢复阶段后,利益相关者投入各种资源进行供水系统的灾后恢复/重建的工作。此阶段的评价与前两个阶段的评价类似,主要区别在于需要额外加入灾后恢复阶段各评价指标的计算,以及各个因素组之间权重的调整,如图5.8所示。该阶段评价指标的计算步骤与前两个阶段类似,在此不再赘述。最后,根据ER法得出灾后恢复阶段系统地震韧性的评价值 $S(R_3) = \left\{ (H_{(n)}, \beta_n), (H, \beta_{H,3}), n = 1, 2, \cdots, N \right\}$,并转化为相应的效应值,通过与阈值相比较或与其他供水系统进行横向比较来判断灾后恢复阶段系统恢复能力的大小。

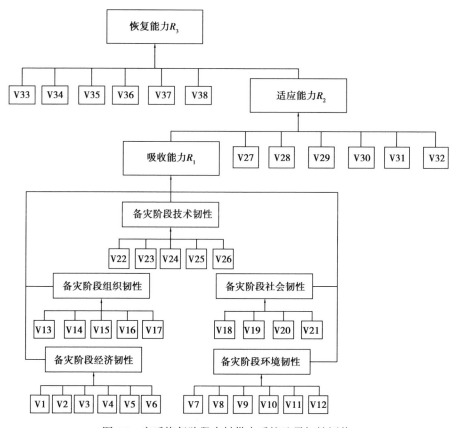

图5.8 灾后恢复阶段农村供水系统地震韧性评价

5.7 本章小结

　　本章的研究目标是建立不完全信息下农村供水系统地震韧性动态评价模型,以实现对农村供水系统灾害管理周期下地震韧性状态的动态评价。为了实现这个目标,本章主要完成了以下内容:第一,基于前四章的研究基础,构建起农村供水系统地震韧性评价框架。第二,通过权威的文献、设计规范及评价标准,基于数据的可获取性,为每个农村供水系统地震韧性影响因素匹配适宜的评价指标,以准确反映该因素的客观状态。第三,通过指标赋权方法比选,确定了基于博弈论的 ANP 法和熵权法的组合赋权方法。第四,通过方案比选,确定了 ER 法为本研究的评价法。第五,基于效用理论将 ER 法计算出的用信任框架表达的韧性状态值转化为一个具体数值。第六,简单介绍了使用农村供水系统地震韧性评价模型进行评价的各阶段韧性状态的算法及流程。

6 多阶段农村供水系统地震韧性评价实证

6.1 引言

为检验本研究提出的农村供水系统地震韧性评价模型能否有效地辅助决策者评价系统的当前地震韧性状态并及时作出韧性建设措施,本章选择2019年"6·17"长宁地震珙县灾区的3个农村供水工程进行实证研究,来验证评价模型的可行性和实用性。本案例以珙县灾后重建的利民村村级供水工程、孝儿镇联村集中供水工程和珙泉镇场镇集中供水工程为研究对象,根据收集到的客观数据以及专家判断来评价三类不同农村供水系统当前的地震韧性状态,通过与韧性阈值比较进行判断并对3个系统进行横向比较,来衡量评价模型的实用性和可行性。

6.2 研究区域概况

6.2.1 珙县自然环境概况

珙县,四川省宜宾市辖县,位于宜宾市境南部,东经104°38′~105°02′、北纬27°53′~28°31′之间,北与高县连界,距宜宾市城区46 km;南与大雪山相连,距云南省威信县城69 km;西靠筠连县,东南、东北与兴文县、长宁县连界。珙县县政府驻地巡场镇,距宜宾市政府驻地56 km。全县面积11 458.2 km²,其中耕地面积15 856 ha(1 ha=10 000 m²)、森林面积50 038 ha,森林覆盖率为43.70%,辖10镇3乡[①]。

1)珙县水资源情况

珙县境内水资源丰富,县域内共有大小溪河79条,总长638 km。主要的水系为注入长江的南广河水系(南广河流域包括邓家河、建武河、洛亥河、王家河、巡场河5条支流)和洛浦河水系,这7条河流是珙县县域内常年性河流,河流总长为158.38 km(见表6.1)。

2)珙县地形地貌

珙县是山区县,县域内主要地形为山区、丘陵和平坝,其中丘陵和平坝面积小,以中低山地为主,有少数岩溶冲积坝,西北面有部分丘陵。平坝主要分布在巡场、上罗、洛亥等乡镇,主要有青山坝、大寨坝、海棠坝、麻塘坝、上罗坝、下罗坝、巡场坝等,丘陵则分布于全县。县域内山区、丘陵、平坝的比例大体为7.5∶1.5∶1。珙县地势南高北低,属于狭长地形。南北相距67.8 km,东西最宽处41.5 km。最高海拔为1 642 m(靠云南省界的王家镇四里坡);最低海拔310 m

---

① 珙县人民政府网。

(珙泉镇郊外的狮子滩)①。

表6.1　珙县县域内主要河流参数

序号	河流	县域流程/km	河宽/m	流域面积/km²	多年平均流量/(m·s⁻¹)	年平均径流量/(亿m³)
1	南广河	60.95	50~150	2 553	70.67	22.3
2	邓家河	8.5	40~60	537.4	18.6	8.86
3	建武河	4.23	20~40	208.9	6.62	2.1
4	洛亥河	21.3	—	318.2	12.5	3.94
5	王家河	18.9	5~15	66.3	2.52	0.794 0
6	巡场河	13.5	—	98.15	1.99	0.630 0
7	洛浦河	31	—	389.51	10.35	3.26

注：数据来源珙县人民政府官网。

3)珙县气候条件

珙县属中亚热带湿润季风气候区。全县四季分明,气候温和,雨量充沛,春早、夏长、秋短、冬暖。冬无严寒,雨雪稀少,无霜期长,夏无酷暑,日照充足,雨水集中,宜于农耕、养殖。但降雨时空分布不均,且年际、年内变化较大。年际降雨量相对变幅达40%左右,年内降雨相对集中,与农作物需水矛盾较为突出。依据县境内王家、罗渡、珙泉、孝儿4个站1959—2010年多年降雨量资料分析,多年平均降雨量为1 134.8 mm。多年平均降雨量最大的王家站为1 529.2 mm,最小的孝儿站为948.0 mm;汛期5—10月降雨量约占年降水总量的78.4%,连续3个月最大降雨一般发生在6—9月,其降雨量约占年降雨量的52%。多年平均气温17.8 ℃,极端高温40.4 ℃,极端低温-1.7 ℃,多年平均日照960.7 h。

6.2.2 珙县社会经济概况

2020年,珙县全县户籍人口总户数为13.67万户,总人口42.94万人。其中,

---

① 珙县人民政府网。

城镇人口 15.3 万人,乡村人口 27.64 万人。珙县近 5 年来经济总体呈现平稳上升的发展态势。其中,2019 年"6·17"长宁地震的发生,对当地经济产生了一定的影响,当年地区生产总值呈现负增长,见表 6.2。2020 年珙县实现地区生产总值 171.18 亿元,比 2015 年增长了 48.37 亿元,年均增长 9.67 亿元。其中,第一产业占比 16.56%,第二产业占比 41.04%,第三产业占比 42.40%。根据表 6.2 对珙县近 5 年(2016—2020 年)的统计数据,产业结构的变化趋势基本一致:第一产业占比增速较缓,占比最小;第三产业增速最快,占比逐年递增;第二产业占比上下波动,特别是 2019 年受地震的影响,导致该年第二产业呈现负增长趋势,到 2020 年年底,第三产业的占比已跃居首位。此外,城镇居民的可支配收入和农村居民可支配收入总体上都呈逐年递增的趋势,但各年间增速有波动,总体而言,农村居民可支配收入的平均增长趋势略高于城镇居民。

表 6.2 2016—2020 年珙县社会经济发展情况①

年份		2016	2017	2018	2019	2020
地区生产总值	当年值/亿元	132.76	147.60	160.78	158.27	171.18
	增长率/%	7.49	9.7	8.12	-1.6	3.5
第一产业	当年值/亿元	18.11	18.81	19.34	22.25	28.35
	增长率/%	4.5	4.5	4.4	4.8	5.8
第二产业	当年值/亿元	82.12	85.97	93.73	68.77	70.25
	增长率/%	3.8	4.5	8.3	-26.6	2.7
第三产业	当年值/亿元	32.53	42.82	47.71	67.25	72.58
	增长率/%	16.3	24	10	20.1	7.3
城镇居民可支配收入	当年值/元	27 262	29 537	32 174	35 346	37 665
	增长率/%	13.7	7.7	8.2	9.0	6.2
农村居民可支配收入	当年值/元	12 939	14 161	15 500	17 106	18 680
	增长率/%	9.8	9.5	8.6	9.4	8.4

---

① 珙县人民政府网,2017—2021 年珙县年鉴。

6.2.3 "6·17"长宁地震灾区概况

2019年6月17日,四川省宜宾市长宁县双河镇发生6.0级地震(即"6·17"长宁地震),震源深度16 km,是中华人民共和国成立以来宜宾遭受的震级最高、烈度最强的地震灾害。根据四川省地震局发布的地震烈度分布图,此次地震最高烈度为Ⅷ度(震中区域),其中Ⅵ度区及以上灾区总面积为3 058 km²[301]。此次地震的等震线长轴呈北西走向,长轴72 km,短轴54 km,宜宾市长宁县、高县、珙县、兴文县、江安县、翠屏区6个县区为主要的地震灾区。

6.2.4 实证农村供水系统概况

根据数据的可获取性,本研究选取珙县灾区涉及的农村供水系统为研究对象进行实证研究,实证农村集中供水工程基本情况见表6.3。

表6.3 实证农村集中供水工程基本情况统计

调研对象	供水人口/人	工程等级(Ⅰ—Ⅴ)	建成年份/年	运营主体
利民村	1 200	Ⅴ	2020	村委会
孝儿镇	6 100	Ⅵ	2015	村委会
珙泉镇	30 000	Ⅲ	1995	水务公司

注: 各供水工程等级按照工程设计施工实际依据的设计规范计算。

1)利民村村级供水工程项目基本情况介绍

珙县底洞镇、巡场镇和珙泉镇3个镇位于"6·17"长宁地震Ⅶ度烈度区,地震造成这3个镇的已建农村安全饮水工程严重损坏,给本就饮水难的3个镇的农村居民造成了极大的影响。为解决珙县底洞镇、巡场镇、珙泉镇3个镇42个行政村,共计3 926户、16 129人的饮水安全问题,珙县水利局通过招标方式,对这3个镇的村级供水工程进行灾后重建,新建取水口80座,新建沉沙池80座,新建蓄水池80座,更换维修配水管道10.5 km,维修蓄水池144座。灾后重建工程于2020年3月开工,至2020年8月全部竣工并投入运营。由于本研究的研究范围为千人以上的农村集中供水工程,因此选取了其中最大的村级集中供水工程——利民村村级供水工程进行实证研究。

根据珙县灾后重建农村饮水项目实施方案,利民村村级供水工程设计供水人口为1 200人,供水规模为183.60 m³/d,居民生活用水标准为120 L/(人·d),服务范围主要为利民村(包括少部分大地村村民),属于V类小型集中供水工程,目前运营主体为村委会(见表6.3)。

2)孝儿镇联村集中供水工程介绍

本工程属于宜宾市珙县"十二五"第二批农村饮水安全工程,2015年建成并投入运营,供水方式采用重力供水。主要建设内容包括取水工程、净水厂及配水管网铺设。水厂位置建于踏水桥水库旁边的月亮包处,水源为水库水,取水点高程为610 m。供水范围为孝儿镇太平村、波浪村、桐梓村、宝兴村4个村,设计供水人口6 000人,全部为农业人口,居民生活用水标准为60 L/(人·d),供水规模440 m³/d,水源采用踏水桥水库水为该集中供水工程的水源,属于VI类小型集中供水工程,目前运营主体为村委会(见表6.3)。由于工程离震中较远,属于VI度烈度区域,工程受"6·17"长宁地震影响较小。

3)珙泉镇场镇集中供水工程基本情况介绍

珙泉自来水厂主要负责珙泉镇场镇及附近居民饮水,1995年投入运营,设计供水能力为5 000 m³/d。取水水源来自长宁河右岸支流小溪沟,取水点位于高桥村,为地表水水源。珙泉镇场镇集中供水工程注册用水住户为8 247户,为3万名农村居民提供饮水服务。珙泉镇场镇集中供水工程属于"6·17"长宁地震VII烈度区内,在地震中,水厂主体建筑设施受到部分损害,二氧化氯消毒设施被震坏。震后应急响应阶段在重灾区鱼池设置了3个集中式供水点及新华街(华府首座小区)设置集中式供水点铺设临时管网提供应急供水。在震后恢复阶段,水厂通过外包加固维修,拆除二楼危险建筑,对厂区进行加固排危处理,工期一个月,于2019年年底前完成灾后恢复施工。

6.3　评价标准

对拟评价的3个供水工程,本研究总共邀请了7位负责珙县农村供水工程运营建设的主要负责人参与评价,包括珙县村级供水工程建设与灾后重建的2位主要负责人和2位运营负责人,负责珙县场镇集中供水工程建设与灾后重建的2位负责人和1位运营负责人。每个供水工程由熟悉该工程的3位专家根据掌握的集中供水工程"6·17"长宁地震中的应急响应和灾后恢复情况,以及当前的运营状况对评价模型中的各个因素和各个层级指标间的偏好关系进行评价。

评价指标组合赋权。首先,通过ANP法进行主观赋权,评分标度采用1—9标度法进行打分(见表6.4)。其次,通过问卷调查获取各供水工程主要利益相关者对供水工程地震韧性评价指标重要性的看法,根据问卷数据计算各指标的信息熵及客观权重。最后,运行Matlab软件计算各评价指标的最优组合权重。

表6.4　农村供水系统地震韧性ANP法赋权评分标准

标度 a_{ij}	含义	标度 a_{ij}	含义
1	一般		
3	较重要	1/3	较不重要
5	重要	1/5	不重要
7	非常重要	1/7	非常不重要
9	绝对重要	1/9	绝对不重要
2,4,6,8	上述相邻判断的中间值		

本研究使用5级语言评价等级$H=\{H_1, H_2, H_3, H_4, H_5\}=\{$很差,较差,一般,较好,很好$\}$来评估定性评价指标及各个层级指标的属性。为了使决策者更直观地判断供水系统地震韧性状态的情况,本研究根据效应理论将用信任结构表达的各层级指标转化为具体数值,并进一步根据专家意见确定供水工程各阶段地震韧性的评价阈值。在本研究中,假设H_1的效应值$u(H_1)=-1$,H_5的效应值$u(H_5)=1$,根据式(5.44)和式(5.45),可计算出H_3的效应值。根据评价专家组的意见,用于调节H_1和H_5的效应值的加权和等于H_3的概率的均值为0.533,根据式(6.1)可以计算出H_3的效应值:

$$u(H_3) = (1-p) \times u(H_1) + p \times u(H_5) = (1-0.53) \times (-1) + 0.53 \times 1 = 0.067$$

(6.1)

同理可得,$u(H_2)=-0.431$,$u(H_4)=0.564$。

同时,根据珙县农村供水工程的规划目标以及各供水工程运营的财务状况来看,对处于运营初期的利民村村级供水工程,参与评价该供水工程的3位评价人员一致认为评价等级"一般"的效应值(0.067)适合作为备灾和应急管理阶段的韧性状态阈值,而近5年在该区域没有投资新建供水工程的计划,因此希望该供水工程灾后恢复阶段的韧性阈值提高到0.134进行管控。对处于运营中期的孝儿镇联村供水工程,参与该供水工程评价的3位评价人员一致认为评价等级"一般"的效应值(0.067)可作为评价灾害管理周期各阶段的韧性状态阈值。针对处于淘汰期的珙泉镇场镇集中供水工程,参与该供水工程评价的3位评价人员建议使用评价等级"一般"的效应值(0.067)作为备灾阶段吸收能力的阈值,此外,因供水人口较多,且根据"6·17"长宁地震抗震救灾经验,地震期间,供水工程服务范围内会搭建临时供水点,因此,3位评价人员重点强调管控应急响应阶段的适应能力,采用0.134作为适应能力的管控阈值;由于水务公司已经有新建供水工程计划,现有的供水工程在几年内就会退出使用,因此对灾后恢复阶段的恢复能力降低管控标准,采用0作为恢复能力的管控阈值,三类供水工程的地震韧性阈值设定情况见表6.5。除了与判断阈值相比,本研究还对三类系统进行横向比较,通过比较分析不同类型农村供水系统韧性状态差异。

表6.5　珙县农村供水系统地震韧性评价阈值设置

备灾阶段吸收能力			应急响应阶段适应能力			灾后恢复阶段恢复能力		
利民村	孝儿镇	珙泉镇	利民村	孝儿镇	珙泉镇	利民村	孝儿镇	珙泉镇
0.067	0.067	0.067	0.067	0.067	0.134	0.134	0.067	0

6.4　备灾阶段地震韧性状态评价

6.4.1　基于博弈论计算备灾阶段评价指标组合权重

1)ANP法计算主观权重

本研究以利民村村级集中供水工程备灾阶段的吸收能力为例,进行操作流程的具体讲解。

(1)构建因素之间的依存和反馈关系。根据第5章确定的评价模型和计算步骤,首先根据专家意见构建备灾阶段各因素之间的依存和反馈关系,见表6.6,在此基础上,运用软件Super Dceisions 3.20(SD)建立ANP网络结构,建立层次如图6.1所示,其中Cluster对应备灾阶段的5个因素组,Node对应备灾阶段的26个因素。

(2)形成两两比较矩阵。两两矩阵,又称为判断矩阵,主要用于确定元素之间的优势度。根据图6.1所示的ANP网络结构邀请3位评价人员对因素之间的相对重要性按照表6.4所示的1—9标度法进行打分。本研究以控制层目标农村供水系统备灾阶段吸收能力为主准则,分别以备灾阶段经济韧性、环境韧性、组织韧性、社会韧性、技术韧性5个维度为次准则,经过专家组分别两两比较形成判断矩阵,并通过SD软件计算归一化权重。由于篇幅限制,本节仅以利民村村级供水工程备灾阶段的经济韧性为例,介绍SD软件计算元素组加权矩阵的过程。

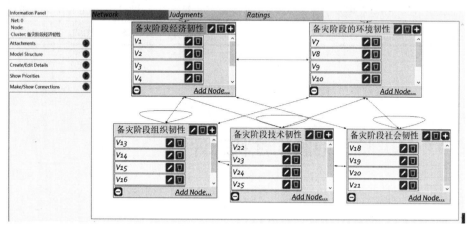

图6.1　珙县利民村村级供水工程备灾阶段地震韧性ANP网络层次结构图

①构建二级指标(因素组)判断矩阵。以备灾阶段的经济韧性因素组为次准则,由专家组判断其他元素组对该次准则的重要性,在SD软件中输入专家的偏好意见,可以得到备灾阶段技术韧性、备灾阶段环境韧性、备灾阶段社会韧性和备灾阶段组织韧性的归一化权重,如图6.2所示,其中一致性系数为0.004 44,满足一致性小于0.1的要求,判定结果有效。

②构建三级指标(因素)判断矩阵。以备灾阶段经济韧性下的"V1社会参与率"因素为次准则,由专家判断备灾阶段经济韧性下的元素相对该次准则的重要性,在SD软件中输入专家的偏好意见,可以得到备灾阶段经济韧性下的V2和V3两个因素相对V1的权重,如图6.3所示。其中,一致性系数为0.000 0,满足一致性小于0.1的要求,判定结果有效。

图6.2　基于备灾阶段经济韧性准则的权重系数评分

图6.3　基于"V1社会参与率"的备灾阶段环境韧性因素两两判断矩阵数据输入

　　③ANP法计算主观权重。按上述步骤在SD软件中依次构建元素组及元素判断矩阵,反复向专家询问各元素组及元素基于不同准则(次准则)的相对重要性,哪个元素相对重要,相对重要的程度(按照表6.4给出的评分标准进行评分),直至将表6.6中所有存在依存关系的因素都建立起两两判断矩阵。最终通过运行SD软件计算出利民村村级供水工程备灾阶段地震韧性各项评价指标主观权重,同理可得另外两个供水工程备灾阶段各项评价指标主观权重(见表6.7)。

表6.6 利民村村级供水工程备灾阶段吸收能力影响因素之间的相互关系

	V1	V2	V3	V4	V5	V6	V7	V8	V9	V10	V11	V12	V13	V14	V15	V16	V17	V18	V19	V20	V21	V22	V23	V24	V25	V26
V1		Y	Y				Y									Y	Y									
V2			Y		Y		Y	Y		Y		Y	Y		Y	Y	Y					Y	Y		Y	
V3					Y		Y					Y	Y		Y	Y	Y									
V4	Y	Y	Y		Y	Y	Y		Y			Y	Y	Y	Y	Y	Y		Y	Y						
V5		Y	Y			Y	Y			Y		Y	Y	Y	Y	Y						Y	Y		Y	
V6		Y	Y		Y		Y	Y	Y	Y		Y	Y			Y				Y		Y	Y		Y	Y
V7	Y	Y	Y	Y	Y	Y		Y	Y		Y	Y	Y	Y	Y	Y	Y	Y	Y	Y	Y	Y	Y		Y	Y
V8							Y		Y	Y			Y				Y				Y	Y				
V9							Y	Y	Y	Y			Y	Y												
V10			Y				Y	Y				Y			Y	Y	Y			Y	Y	Y	Y		Y	
V11							Y	Y		Y	Y				Y	Y	Y			Y	Y	Y				
V12																		Y			Y	Y	Y		Y	
V13												Y		Y						Y						
V14													Y	Y												
V15					Y							Y	Y	Y						Y	Y	Y	Y		Y	
V16					Y	Y																Y			Y	
V17	Y	Y	Y	Y	Y	Y	Y			Y	Y	Y	Y	Y	Y	Y			Y	Y	Y	Y	Y		Y	Y
V18	Y											Y							Y							

V19														Y						Y	
V20														Y			Y			Y	
V21			Y	Y										Y	Y		Y			Y	
V22		Y	Y					Y	Y	Y	Y	Y	Y	Y	Y	Y	Y			Y	
V23		Y	Y	Y						Y	Y	Y	Y	Y	Y	Y	Y	Y	Y	Y	Y
V24			Y																		
V25								Y			Y					Y					
V26									Y			Y					Y			Y	

表 6.7 ANP 法确定的珙县农村供水系统备灾阶段地震韧性评价指标权重

维度	变量	评价指标	利民村村级供水工程		孝儿镇联村集中供水工程		珙泉镇场镇集中供水工程	
			维度权重	因素权重	维度权重	因素权重	维度权重	因素权重
备灾阶段经济韧性	V1	社会参与率	0.417 270 00	0.040 487	0.418 174 00	0.041 548	0.408 567 00	0.042 89
	V2	可用的资金来源		0.025 319		0.024 922		0.024 181
	V3	快速融资渠道		0.025 451		0.025 309		0.025 094
	V4	农村居民人均可支配收入		0.005 188		0.005 96		0.006 577
	V5	水费单价		0.174 168		0.177 375		0.176 4
	V6	重建模式		0.146 657		0.143 06		0.133 425
备灾阶段环境韧性	V7	供水保证率	0.261 611 00	0.105 777	0.265 901 00	0.113 056	0.258 899 00	0.111 425
	V8	近 5 年发生 5 级以上地震次数		0.028 696		0.030 426		0.029 8

维度	代码	指标	权重A	合计A	权重B	合计B	权重C	合计C
	V9	地震发生时间	0.002 874	0.261 611 00	0.002 981	0.265 901 00	0.002 898	0.258 899 00
	V10	地形	0.026 866		0.027 712		0.026 9	
	V11	气候条件	0.010 15		0.010 671		0.010 439	
	V12	水源水质检测频次	0.087 248		0.081 055		0.077 437	
备灾阶段组织韧性	V13	应急演练次数	0.010 647	0.138 986 00	0.011 162	0.139 505 00	0.010 909	0.133 579 00
	V14	有效的伙伴关系	0.010 778		0.011 233		0.009 303	
	V15	法律与政策	0.023 192		0.023 125		0.023 331	
	V16	组织结构	0.033 121		0.032 456		0.030 873	
	V17	地震烈度	0.061 248		0.061 529		0.059 163	
备灾阶段社会韧性	V18	社会宣传	0.002 744	0.091 923 00	0.002 709	0.088 915 00	0.002 461	0.084 752 00
	V19	地方依恋	0.003 999		0.003 96		0.003 926	
	V20	社会信任	0.023 413		0.023 275		0.022 406	

续表

维度	变量	评价指标	利民村村级供水工程		孝儿镇联村集中供水工程		珙泉镇场镇集中供水工程	
			维度权重	因素权重	维度权重	因素权重	维度权重	因素权重
备灾阶段技术韧性	V21	家庭备用水源	0.090 212 00	0.061 767	0.087 504 00	0.058 971	0.114 203 00	0.055 959
	V22	替代水源		0.062 846		0.066 385		0.068 171
	V23	抗震设计		0.017 273		0.011 142		0.009 583
	V24	应急电力		0.001 032		0.000 629		0.025 285
	V25	独立消防供水设计		0.006 93		0.006 92		0.008 986
	V26	地震预警监测		0.002 131		0.002 428		0.002 178

2)熵权法计算客观权重

根据研究设计,为避免专家的个人偏好对指标权重确定带来的误差,本研究还需通过熵权法对权重进行修正。本研究根据表6.4确定的评价指标制作调查问卷,通过面对面访谈与在线网络问卷调研等方式结合,针对3个供水系统各邀请10位地震灾害管理周期下供水工程的主要利益相关者(包括供水工程建设管理人员、当地政府人员、居民、运营管理者、应急管理人员)对供水工程地震韧性评价指标重要性进行打分,根据问卷收集的数据,按照第5章确定的熵权法计算步骤,获取各供水工程评价指标的客观权重,其中备灾阶段地震韧性的客观权重见表6.8。

3)计算组合权重

根据计算出的珙县三类农村供水系统备灾阶段评价指标的主客观权重,按照第5章确定的博弈论组合求权重公式,本研究使用Matlab软件求解各评价指标的最优组合权重系数 W^* ,备灾阶段各评价指标及各维度的最终组合权重见表6.9。

6.4.2　基于证据推理理论计算备灾阶段评价指标属性值

1)备灾阶段经济韧性属性值的计算

备灾阶段经济韧性总共包含6个评价指标,其中有2个定量指标和4个定性指标。对于定量指标的处理,采用最大、最小值的区间法,按照第5章介绍的公式分步进行计算,此处以评价指标"V4农村居民人均可支配收入"为例介绍计算步骤。根据国家统计局四川调查总队公布的2019年四川省112个县农民人均可支配收入及增幅分区排位情况(见附件4)确定四川省县域农村居民人均可支配收入的最高和最低值,具体取值范围及实际数值见表6.10。

表 6.8 熵权法确定的珙县农村供水系统备灾阶段地震韧性评价指标权重

维度	变量	评价指标	利民村村级供水工程		孝儿镇联村集中供水工程		珙泉镇场镇集中供水工程	
			维度权重	因素权重	维度权重	因素权重	维度权重	因素权重
备灾阶段经济韧性	V1	社会参与率	0.278 522 63	0.025 269 85	0.262 516 36	0.040 009 10	0.249 012 28	0.037 006 72
	V2	可用的资金来源		0.049 132 60		0.041 704 43		0.044 770 63
	V3	快速融资渠道		0.056 315 48		0.046 945 54		0.043 422 63
	V4	农村居民人均可支配收入		0.025 269 85		0.033 072 66		0.030 590 81

备灾阶段环境韧性							
V5	水费单价	0.049 834 45		0.053 877 56		0.065 088 21	
V6	重建模式	0.043 387 04		0.046 907 07		0.057 446 63	
V7	供水保证率	0.048 261 32	0.230 084 81	0.052 176 80	0.248 290 24	0.050 382 14	0.258 113 50
V8	近5年发生5级以上地震次数	0.037 618 12		0.046 907 07		0.037 838 01	
V9	地震发生时间	0.019 347 73		0.020 917 43		0.023 241 42	

续表

维度	变量	评价指标	利民村村级供水工程		孝儿镇联村集中供水工程		珙泉镇场镇集中供水工程	
			维度权重	因素权重	维度权重	因素权重	维度权重	因素权重
备灾阶段环境韧性	V10	地形	0.258 113 50	0.056 315 48	0.248 290 24	0.039 748 86	0.230 084 81	0.036 766 01
	V11	气候条件		0.039 954 30		0.046 835 66		0.043 320 99
	V12	水源水质检测频次		0.050 382 14		0.041 704 43		0.044 770 63
备灾阶段组织韧性	V13	应急演练次数	0.216 842 89	0.025 269 85	0.205 944 29	0.031 320 87	0.190 489 73	0.028 970 48
	V14	有效的伙伴关系		0.025 269 85		0.030 469 96		0.028 183 42

备灾阶段社会韧性 0.115 763 86	V15 法律与政策	0.057 446 63	0.137 921 25	0.051 258 64	0.116 328 23	0.047 412 06
	V16 组织结构	0.050 382 14		0.040 670 10		0.037 618 12
	V17 地震烈度	0.058 474 40		0.052 224 71		0.048 305 64
	V18 社会宣传	0.025 269 85		0.031 766 83		0.029 382 97
	V19 地方依恋	0.025 269 85		0.033 072 66		0.030 590 81
	V20 社会信任	0.039 954 30		0.040 009 10		0.037 006 72
	V21 家庭备用水源	0.025 269 85		0.033 072 66		0.019 347 73

续表

维度	变量	评价指标	利民村村级供水工程 维度权重	因素权重	孝儿镇联村集中供水工程 维度权重	因素权重	洪泉镇场镇集中供水工程 维度权重	因素权重
备灾阶段技术韧性	V22	替代水源	0.130 757 12	0.065 088 21	0.145 327 86	0.053 156 62	0.214 084 96	0.049 167 62
	V23	抗震设计		0.039 954 30		0.039 748 86		0.048 624 30
	V24	应急电力		0.000 222 38		0.000 184 07		0.048 620 53
	V25	独立消防供水设计		0.000 222 38		0.020 917 43		0.030 590 81
	V26	地震预警监测		0.025 269 85		0.031 320 87		0.037 081 70

表 6.9　基于博弈论组合赋权确定的珙县农村供水工程各评价指标综合权重

维度	变量	评价指标	利民村村级供水工程		孝儿镇联村集中供水工程		珙泉镇镇集中供水工程	
			维度权重	因素权重	维度权重	因素权重	维度权重	因素权重
备灾阶段经济韧性	V1	社会参与率	0.392 917 23	0.037 816 104	0.391 328 62	0.041 282 595	0.389 997 04	0.042 205 268
	V2	可用的资金来源		0.029 498 734		0.027 816 369		0.026 577 347
	V3	快速融资渠道		0.030 868 297		0.029 040 529		0.027 227 199
	V4	农村居民人均可支配收入		0.008 712 743		0.010 635 964		0.009 371 875

续表

维度	变量	评价指标	利民村村级供水工程 维度权重	利民村村级供水工程 因素权重	孝儿镇联村集中供水工程 维度权重	孝儿镇联村集中供水工程 因素权重	珙泉镇场镇集中供水工程 维度权重	珙泉镇场镇集中供水工程 因素权重
	V5	水费单价		0.155 022 445		0.156 076 107		0.161 669 523
	V6	重建模式		0.130 998 902		0.126 477 057		0.122 945 829
	V7	供水保证率		0.096 054 16		0.102 556 515		0.104 073 623
备灾阶段环境韧性	V8	近5年发生5级以上地震次数	0.260 997 12	0.030 300 595	0.262 863 77	0.033 268 394	0.255 545 43	0.030 709 921
	V9	地震发生时间		0.006 448 865		0.006 074 393		0.004 812 521

备灾阶段组织韧性								
	V10	地形		0.032 034 938		0.029 787 928		0.028 048 267
	V11	气候条件		0.015 381 216		0.016 908 11		0.014 266 009
	V12	水源水质检测频次		0.080 777 349		0.074 268 434		0.073 635 086
	V13	应急演练次数	0.152 651 35	0.013 213 586	0.150 963 40	0.014 638 685	0.140 202 62	0.013 011 106
	V14	有效的伙伴关系		0.013 321 593		0.014 550 688		0.011 500 42

续表

维度	变量	评价指标	利民村村级供水工程		孝儿镇联村集中供水工程		班泉镇场镇集中供水工程	
			维度权重	因素权重	维度权重	因素权重	维度权重	因素权重
备灾阶段 社会韧性	V15	法律与政策		0.029 204 332		0.027 977 047		0.026 133 702
	V16	组织结构		0.036 150 656		0.033 872 639		0.031 658 039
	V17	地震烈度		0.060 761 182		0.059 924 343		0.057 899 354
	V18	社会宣传	0.096 107 52	0.006 697 711	0.097 366 83	0.007 720 436	0.088 427 04	0.005 594 344
	V19	地方依恋		0.007 732 435		0.008 980 893		0.007 029 414
	V20	社会信任		0.026 316 31		0.026 161 034		0.024 105 321
	V21	家庭备用水源		0.055 361 064		0.054 504 462		0.051 697 956

备灾阶段技术韧性	V22	替代水源	0.097 328 43	0.063 239 55	0.097 476 55	0.064 103 577	0.125 827 88	0.065 959 269
	V23	地震设计		0.021 253 996		0.016 075 661		0.014 126 867
	V24	应急电力		0.000 889 896		0.000 552 266		0.028 000 933
	V25	独立消防供水设计		0.005 752 686		0.009 334 056		0.011 500 500
	V26	地震预警监测		0.006 192 304		0.007 410 988		0.006 240 308

表6.10　四川省农村供水系统备灾阶段经济韧性定量指标评价依据

序号	变量	评价指标	县域	2019年数据/元	类型
1	V4	农村居民人均可支配收入	最高(新津县)	24 345	效益型
2			珙县	17 106	
3			最低(美姑县)	9 491	

注：数据来源于四川省农村农业厅（见附件5）。

根据第5章确定的计算步骤，为了统一定性指标和定量指标的表达方式，需要将定量指标的属性值进行转换。为了实现定量指标的转换，根据表6.10给出的参数，将最大值和最小值形成的区间均分为4段形成5个分界点，这5个分界点对应语言评价变量$H = \{H_1, H_2, H_3, H_4, H_5\}$的5个评价等级。效益型的最小值对应评价等级$H_1$，而成本型的最小值对应的评价等级是$H_5$。因素"V4农村居民人均可支配收入"的相邻两个语言评价等级的差值=(24 345-9 491)/4=3 713.5，则该因素的5级语言评价等级对应的属性值$H_4 = \{9\,491, 13\,204.5, 16\,918, 2\,0631.5, 24\,345\}$。根据式(5.20)—式(5.34)，可计算出珙县农村居民人均可支配收入的属性值为：

$$\beta_{3,4} = \frac{20\,631.5 - 17\,106}{20\,631.5 - 16\,918} = 0.949$$

$$\beta_{4,4} = 1 - 0.949\,4 = 0.051$$

$$S(V4) = \{(H_1, 0), (H_2, 0), (H_3, 0.949), (H_4, 0.051), (H_5, 0)\}$$

由于数据的可获取性以及存在跨乡镇之间进行供水的模式，这个指标并未进一步细化到乡镇一级，因此本研究涉及的3个农村供水系统均取同一个值，即$S_1(V4)=S_2(V4)=S_3(V4)=S(V4)$，其中$S_1(Vn)$表示利民村村级供水工程指标$Vn$的属性值，$S_2(Vn)$表示孝儿镇联村集中供水工程指标$Vn$的属性值，$S_3(Vn)$表示珙泉镇场镇集中供水工程指标$Vn$的属性值。

此外，根据2019年四川省水利厅发布的四川省农村供水工程水费收缴工作方案规定，确定水费收取下限并进行评价指标"V5水费单价"的定量计算。规定显示，农村供水工程属于公益性基础设施，水费收取主要是基于工程运营成本考虑,部分农村集中供水工程不收取水费,因此下限为0,具体取值范围及实际数值见表6.11。

表6.11 珙县农村供水系统备灾阶段经济韧性定量指标评价依据

序号	变量	评价指标	最低	最高	利民村村级供水工程	孝儿镇集中供水工程	珙泉镇场镇集中供水工程	类型
1	V5	水费单价	0	3	0	1.5	1.9	效益型

注:为简化计算,实行梯度收费的供水工程统一按照一阶水费数据计算。

根据式(5.20)—式(5.34),可计算出三类农村供水工程的水费单价属性值分别为:

(1)利民村村级供水工程:

$$S_1(V5) = \{(H_1, 1), (H_2, 0), (H_3, 0), (H_4, 0), (H_5, 0)\}$$

(2)孝儿镇联村集中供水工程:

$$S_2(V5) = \{(H_1, 0), (H_2, 0), (H_3, 1), (H_4, 0), (H_5, 0)\}$$

(3)珙泉镇场镇集中供水工程:

$$S_3(V5) = \{(H_1, 0), (H_2, 0), (H_3, 0.467), (H_4, 0.533), (H_5, 0)$$

其余4个指标均属于定性变量,采用专家主观判断的方式评估属性值,专家们根据个人的知识经验,以及对供水工程的掌握情况采用信任结构框架分别对每个指标打分,具体信息见表6.12—表6.14。本研究认为每位专家评价定性指标的意见同等重要,权重均为1/3,根据ER法对3位专家的评价结果进行融合。以因素"V1社会参与率"为例,按照式(5.35)—式(5.46)对各位专家的评价结果进行转化,其中$E_{n,k}$表示第k位专家支持因素属性值为评价等级H_n的基本概率函数,计算过程如下:

(1)利民村村级供水工程:

$E_{1,1} = 0$, $E_{2,1} = 0$, $E_{3,1} = 0$, $E_{4,1} = 0.6 \times 1/3 = 0.2$, $E_{5,1} = 0.4 \times 1/3 = 0.133\,3$, $\overline{E}_{H,1} = 1 - 1/3 = 2/3$, $\tilde{E}_{H,1} = 0$;

$E_{1,2}=0$，$E_{2,2}=0$，$E_{3,2}=0.5\times1/3=1/6$，$E_{4,2}=0.5\times1/3=1/6$，$E_{5,2}=0$，$\overline{E}_{H,2}=2/3$，$\tilde{E}_{H,2}=0$；

$E_{1,3}=0$，$E_{2,3}=0$，$E_{3,3}=0$，$E_{4,3}=0.8\times1/3=4/15$，$E_{5,3}=0.2\times1/3=1/15$，$\overline{E}_{H,3}=2/3$，$\tilde{E}_{H,3}=0$。

$E_{n,q}$表示第q位专家支持因素属性值为评价等级H_n的基本概率函数。首先对专家1与专家2的评价结果进行融合，令$E_{n,I(1)}=E_{n,1}$，可计算得到$E_{n,I(2)}$，根据式(5.45)确定归一化因子$K_{I(2)}$：

$$K_{I(2)}=\left[1-\sum_{i=1}^{5}\sum_{\substack{j=1\\i\neq j}}^{5}E_{i,I(1)}E_{j,2}\right]^{-1}=\left[1-(0.133\ 3\times1/6+0.2\times1/6)\right]^{-1}=1.059$$

$$E_{1,I(2)}=K_{I(2)}\left(E_{1,1}\times E_{1,2}+E_{1,1}\times E_{H,2}+E_{H,1}\times E_{1,2}\right)=0$$

$$E_{2,I(2)}=K_{I(2)}\left(E_{2,1}\times E_{2,2}+E_{2,1}\times E_{H,2}+E_{H,1}\times E_{2,2}\right)=0$$

$$E_{3,I(2)}=K_{I(2)}\left(E_{3,1}\times E_{3,2}+E_{3,1}\times E_{H,2}+E_{H,1}\times E_{3,2}\right)=1.059\times(0.133\ 3\times1/6+$$
$$0.133\ 3\times2/3+2/3\times1/6)=0.235$$

$$E_{4,I(2)}=K_{I(2)}\left(E_{4,1}\times E_{4,2}+E_{4,1}\times E_{H,2}+E_{H,1}\times E_{4,2}\right)=1.059\times(0.2\times1/6+0.2\times$$
$$2/3+2/3\times1/6)=0.294$$

$$E_{5,I(2)}=K_{I(2)}\left(E_{5,1}\times E_{5,2}+E_{5,1}\times E_{H,2}+E_{H,1}\times E_{5,2}\right)=0$$

$$\overline{E}_{H,I(2)}=K_{I(2)}\overline{m}_{H,1}\overline{m}_{H,2}=1.059\times2/3\times2/3=0.471,\ \tilde{E}_{H,I(2)}=0$$

将专家1和专家2合成后的结果再与专家3的评价结果进行融合得到$E_{n,I(3)}$，计算步骤同上，计算结果如下：

$K_{I(3)}=1.090$；$E_{1,I(3)}=0$；$E_{2,I(3)}=0$；$E_{3,I(3)}=0$；$E_{4,I(3)}=0.436$；$E_{5,I(3)}=0.222$；$\overline{E}_{H,I(3)}=0.343$；$\tilde{E}_{H,I(3)}=0$。

根据式(5.21)和式(5.31)可计算出影响因素"V_1社会参与率"的属性值：

$$\beta_{1,1}=\frac{0}{1-0.343}=0,\ \beta_{2,1}=\frac{0}{1-0.343}=0,\ \beta_{3,1}=\frac{0.222}{1-0.343}=0.338,\ \beta_{4,1}=\frac{0.436}{1-0.343}=$$
$$0.662,\ \beta_{5,1}=\frac{0.222}{1-0.343}=0.338,\ \beta_{H,1}=\frac{0}{1-0.343}=0。$$

因此，以信任结构表达评价指标"V_1社会参与率"的属性值为：

$$S_1(V1) = \left\{(H_1, 0), (H_2, 0), (H_3, 0), (H_4, 0.662), (H_5, 0.338)\right\}$$

同理可得，影响因素"V2可用的资金来源""V3快速融资渠道"和"V6重建模式"的属性值分别为：

$$S_1(V2) = \left\{(H_1, 0), (H_2, 0), (H_3, 0.418), (H_4, 0.582), (H_5, 0)\right\}$$

$$S_1(V3) = \left\{(H_1, 0), (H_2, 0), (H_3, 0.5), (H_4, 5), (H_5, 0)\right\}$$

$$S_1(V6) = \left\{(H_1, 0), (H_2, 0), (H_3, 0.702), (H_4, 0.298), (H_5, 0)\right\}$$

即利民村村级供水工程备灾阶段的经济韧性各评价指标属性值为：

$$S_1(V1) = \left\{(H_1, 0), (H_2, 0), (H_3, 0), (H_4, 0.662), (H_5, 0.338)\right\}$$

$$S_1(V2) = \left\{(H_1, 0), (H_2, 0.158), (H_3, 0.842), (H_4, 0), (H_5, 0)\right\}$$

$$S_1(V3) = \left\{(H_1, 0), (H_2, 0.159), (H_3, 0.841), (H_4, 0.5), (H_5, 0)\right\}$$

$$S_1(V4) = \left\{(H_1, 0), (H_2, 0), (H_3, 0.949), (H_4, 0.051), (H_5, 0)\right\}$$

$$S_1(V5) = \left\{(H_1, 1), (H_2, 0), (H_3, 0), (H_4, 0), (H_5, 0)\right\}$$

$$S_1(V6) = \left\{(H_1, 0), (H_2, 0), (H_3, 0.024), (H_4, 0.848), (H_5, 0.127)\right\}$$

同理可得其他两个农村供水工程备灾阶段经济韧性各评价指标属性值分别为：

(2)孝儿镇联村集中供水工程(定性指标专家打分情况见表6.13)：

$$S_2(V1) = \left\{(H_1, 0), (H_2, 0), (H_3, 0.338), (H_4, 0.662), (H_5, 0)\right\}$$

$$S_2(V2) = \left\{(H_1, 0), (H_2, 0.458), (H_3, 0.542), (H_4, 0), (H_5, 0)\right\}$$

$$S_2(V3) = \left\{(H_1, 0), (H_2, 0.701), (H_3, 0.299), (H_4, 0), (H_5, 0)\right\}$$

$$S_2(V4) = \left\{(H_1, 0), (H_2, 0), (H_3, 0.949), (H_4, 0.051), (H_5, 0)\right\}$$

$$S_2(V5) = \left\{(H_1, 0), (H_2, 0), (H_3, 1), (H_4, 0), (H_5, 0)\right\}$$

$$S_2(V6) = \left\{(H_1, 0), (H_2, 0), (H_3, 0.809), (H_4, 0.191), (H_5, 0)\right\}$$

(3)珙泉镇场镇集中供水工程(定性指标专家打分情况见表6.14)：

$$S_3(V1) = \left\{(H_1, 0), (H_2, 0), (H_3, 0.338), (H_4, 0.662), (H_5, 0)\right\}$$

$$S_3(V2) = \left\{(H_1, 0), (H_2, 0.701), (H_3, 0.299), (H_4, 0), (H_5, 0)\right\}$$

$$S_3(V3) = \left\{(H_1, 0), (H_2, 0.700), (H_3, 0.300), (H_4, 0), (H_5, 0)\right\}$$

$$S_3(V4) = \{(H_1, 0), (H_2, 0), (H_3, 0.949), (H_4, 0.051), (H_5, 0)\}$$

$$S_3(V5) = \{(H_1, 0), (H_2, 0), (H_3, 0.467), (H_4, 0.533), (H_5, 0)\}$$

$$S_3(V6) = \{(H_1, 0), (H_2, 0.299), (H_3, 0.701), (H_4, 0), (H_5, 0)\}$$

表6.12 利民村村级供水工程定性因素专家打分表

序号	变量	评价指标	专家1	专家2	专家3
备灾阶段经济韧性					
1	V1	社会参与率	(0,0,0,0.6,0.4)	(0,0,0,0.5,0.5)	(0,0,0,0.8,0.2)
2	V2	可用的资金来源	(0,0.2,0.8,0,0)	(0,0.3,0.7,0,0)	(0,0,0.1,0.9,0)
3	V3	快速融资渠道	(0,0,0.3,0.7,0)	(0,0,0.2,0.8,0)	(0,0,0.1,0.9,0)
4	V6	重建模式	(0,0,0.1,0.9,0)	(0,0,0,0.6,0.4)	(0,0,0,0.9,0.1)
备灾阶段的环境韧性					
5	V10	地震发生时间	(0,0.2,0.8,0,0)	(0,0.6,0.4,0,0)	(0,0.4,0.6,0,0)
6	V11	地形	(0,0.3,0.7,0,0)	(0,0.3,0.7,0,0)	(0,0.2,0.8,0,0)
7	V12	气候条件	(0,0,0.2,0.8,0)	(0,0,0.3,0.7,0)	(0,0,0.3,0.7,0)
备灾阶段的组织韧性					
8	V14	有效的伙伴关系	(0,0,1,0,0)	(0,0,0.8,0.2,0)	(0,0,0.9,0.1,0)
9	V15	法律和政策	(0,0,0,1,0)	(0,0,0.2,0.8,0)	(0,0,0.1,0.9,0)
10	V16	组织结构	(0,0,0.4,0.6,0)	(0,0,0.3,0.7,0)	(0,0,0.6,0.4,0)
备灾阶段的社会韧性					
11	V18	社会宣传	(0,0,0.3,0.7,0)	(0,0,0.5,0.5,0)	(0,0,0.2,0.8,0)
12	V19	地方依恋	(0,0,0.2,0.8,0)	(0,0,0.4,0.6,0)	(0,0,0.3,0.7,0)
13	V20	社会信任	(0,0,0,0.2,0.8)	(0,0,0,0.4,0.6)	(0,0,0,0.8,0.2)
14	V21	家庭备用水源	(0,0,0,0.5,0.5)	(0,0,0,0.3,0.7)	(0,0,0,0.4,0.6)
备灾阶段的技术韧性					
15	V22	替代水源	(0,0,0.3,0.7,0)	(0,0,0.5,0.5,0)	(0,0,0.4,0.6,0)
16	V24	应急电力	(0,0,0,0,1)	(0,0,0,0,1)	(0,0,0,0,1)
17	V25	独立消防供水设计	(0,0.2,0.8,0,0)	(0,0.5,0.5,0,0)	(0,0.7,0.3,0,0)
18	V26	地震预警监测	(0,0.4,0.6,0,0)	(0,0,1,0,0)	(0,0,1,0,0)

注：表中的5个评分等级代表指标的属性值为{很差，较差，一般，较好，很好}。

表6.13　孝儿镇联村集中供水工程定性因素专家打分表

序号	变量	评价指标	专家1	专家2	专家3
备灾阶段经济韧性					
1	V1	社会参与率	(0,0,0.4,0.6,0)	(0,0,0.5,0.5,0)	(0,0,0.2,0.8,0)
2	V2	可用的资金来源	(0,0.5,0.5,0,0)	(0,0,0.7,0.3,0)	(0,0,0.2,0.8,0)
3	V3	快速融资渠道	(0,0.6,0.4,0,0)	(0,0,0.8,0.2,0)	(0,0,0.6,0.4,0)
4	V6	重建模式	(0,0,0.8,0.2,0)	(0,0,0.6,0.4,0)	(0,0,0.9,0.1,0)
备灾阶段的环境韧性					
5	V10	地震发生时间	(0,0,0.8,0.2,0)	(0,0.2,0.8,0,0)	(0,0,0.9,0.1,0)
6	V11	地形	(0,0.5,0.5,0,0)	(0,0.1,0.9,0,0)	(0,0.6,0.4,0,0)
7	V12	气候条件	(0,0,0.2,0.8,0)	(0,0,0.5,0.5,0)	(0,0,0.3,0.7,0)
备灾阶段的组织韧性					
8	V14	有效的伙伴关系	(0,0,1,0,0)	(0,0,0.8,0.2,0)	(0,0,0.9,0.1,0)
9	V15	法律和政策	(0,0,0,1,0)	(0,0,0.2,0.8,0)	(0,0,0.1,0.9,0)
10	V16	组织结构	(0,0,0.8,0.2,0)	(0,0.8,0.2,0,0)	(0,0,0.8,0.2,0)
备灾阶段的社会韧性					
11	V18	社会宣传	(0,0,0.3,0.7,0)	(0,0,0.5,0.5,0)	(0,0,0.2,0.8,0)
12	V19	地方依恋	(0,0,0.2,0.8,0)	(0,0,0.4,0.6,0)	(0,0,0.3,0.7,0)
13	V20	社会信任	(0,0,0,0.2,0.8)	(0,0,0,0.4,0.6)	(0,0,0,0.8,0.2)
14	V21	家庭备用水源	(0,0,0.1,0.9,0)	(0,0,0.4,0.6,0)	(0,0,0.2,0.8,0)
备灾阶段的技术韧性					
15	V22	替代水源	(0,0,0.7,0.3,0)	(0,0,0.6,0.4,0)	(0,0,0.4,0.6,0)
16	V24	应急电力	(0,0,0,0,1)	(0,0,0,0,1)	(0,0,0,0,1)
17	V25	独立消防供水设计	(0,0,0.5,0.5,0)	(0,0,0.7,0.3,0)	(0,0,0.6,0.4,0)
18	V26	地震预警监测	(0,0,0.8,0.2,0)	(0,0,0.7,0.3,0)	(0,0,0.4,0.6,0)

注：表中的5个评分等级代表指标的属性值为{很差，较差，一般，较好，很好}。

表6.14 珙泉镇场镇集中供水工程定性因素专家打分表

序号	变量	评价指标	专家1	专家2	专家3
			备灾阶段经济韧性		
1	V1	社会参与率	(0,0,0.4,0.6,0)	(0,0,0.5,0.5,0)	(0,0,0.2,0.8,0)
2	V2	可用的资金来源	(0,0.5,0.5,0,0)	(0,0.7,0.3,0,0)	(0,0.8,0.2,0,0)
3	V3	快速融资渠道	(0,0.6,0.4,0,0)	(0,0.8,0.2,0,0)	(0,0.6,0.4,0,0)
4	V6	重建模式	(0,0.2,0.8,0,0)	(0,0.5,0.5,0,0)	(0,0.3,0.7,0,0)
			备灾阶段的环境韧性		
5	V10	地震发生时间	(0,0.6,0.4,0,0)	(0,0.2,0.8,0,0)	(0,0,0.2,0.8,0)
6	V11	地形	(0,0.2,0.8,0,0)	(0,0.3,0.7,0,0)	(0,0.3,0.7,0,0)
7	V12	气候条件	(0,0,0.4,0.6,0)	(0,0,0.5,0.5,0)	(0,0,0.6,0.4,0)
			备灾阶段的组织韧性		
8	V14	有效的伙伴关系	(0,0,0.2,0.8,0)	(0,0,0.1,0.9,0)	(0,0,0.9,0.1,0)
9	V15	法律和政策	(0,0,0,1,0)	(0,0,0.2,0.8,0)	(0,0,0.1,0.9,0)
10	V16	组织结构	(0,0,0.2,0.8,0)	(0,0,0.1,0.9,0)	(0,0,0.2,0.8,0)
			备灾阶段的社会韧性		
11	V18	社会宣传	(0,0,0.1,0.9,0)	(0,0,0.2,0.8,0)	(0,0,0.3,0.7,0)
12	V19	地方依恋	(0,0,0.2,0.8,0)	(0,0,0.4,0.6,0)	(0,0,0.3,0.7,0)
13	V20	社会信任	(0,0,0,0.2,0.8)	(0,0,0,0.4,0.6)	(0,0,0,0.8,0.2)
14	V21	家庭备用水源	(0,0,0.9,0.1,0)	(0,0.2,0.8,0,0)	(0,0,1,0,0)
			备灾阶段的技术韧性		
15	V22	替代水源	(0,0,0.8,0.2,0)	(0,0,0.5,0.5,0)	(0,0,0.3,0.7,0)
16	V24	应急电力	(0,0,0.2,0.8,0)	(0,0,0.1,0.9,0)	(0,0,0.7,0.3,0)
17	V25	独立消防供水设计	(0,0.5,0.5,0,0)	(0,0.3,0.7,0,0)	(0,0,0.6,0.4,0)
18	V26	地震预警监测	(0,0.5,0.5,0,0)	(0,0.2,0.8,0,0)	(0,0,1,0,0)

注：表中的5个评分等级代表指标的属性值为{很差，较差，一般，较好，很好}。

2)备灾阶段环境韧性属性计算

备灾阶段的环境韧性总共包括6个评价指标,其中供水保证率、5年内当地发生5级以上地震次数以及水源水质检测频次为定量指标。

根据2018年中国水利协会发布的农村饮水安全评价标准,其中对供水保证率的要求是供水工程用水户供水保证率为90%~95%(不包括95%)为基本达标,保证率为95%~100%为达标,因此取90%为达标下限,100%为达标上限进行定量计算。根据调研结果,珙县的农村供水保证率为95%。此外,根据地震台网统计的四川省112个县近5年内发生过的5级以上的地震次数,确定发生地震频次的最大值和最小值。根据数据的可获取性,"V7供水保证率"和"V8近5年发生5级以上地震次数"的定量计算以珙县县域为统一标准,具体取值范围及实际数值见表6.15。

表6.15　珙县备灾阶段的环境韧性指标评价依据

序号	变量	评价指标	最低	最高	珙县	类型
1	V7	供水保证率	90%	100%	95%	效益型
2	V8	近5年发生5级以上地震次数	0	4	4	成本型

注:地震数据来源:中国地震台网(见附件6)。

此外,针对环境污染因素,采用水源水质检测频次来评价对这个因素的控制,对于水质检测的频次要求,发改农经〔2013〕2259号农村饮水安全工程水质检测中心建设导则,规定关于集中式供水工程的定期水质检测指标和频次确定检测频次的下限,根据行业专家意见确定了上限。其中,灾后重建利民村村级农村供水工程日供水量设计为183 m^3/d,属于建设导则规定的第三类集中供水工程(日均用水量属于20~200 m^3/d),对水源水检测次数没有做硬性要求,针对灾后重建工程的水质检测评测的取值范围和实际数值见表6.16。

孝儿镇联村集中供水工程设计日均供水量为440 m^3/d,属于建设导则规定的第二类集中供水工程(日均用水量属于200~1 000 m^3/d),主水源为踏水桥水库供水,属于地表水,建设导则要求每年至少在水质不利的情况下(丰水期或枯水期)检测一次,孝儿镇联村集中供水工程的水质检测评测的取值范围和实际数值见表6.16。

珙泉镇场镇集中供水工程设计日均供水量为 5 000 m³/d,属于建设导则规定的第一类集中供水工程(日均用水量高于 1 000 m³/d),主水源取自长宁河右岸支流小溪沟,属于地表水,建设导则要求每年至少在水质不利的情况下(丰水期或枯水期)各检测一次,针对珙泉镇集中供水工程的水质检测评测的取值范围和实际数值见表6.16。

表6.16 珙县农村集中供水工程水质检测定量评价依据

供水工程	变量	因素名称	最低	最高	数据	类型
利民村村级			0次/年	2次/年	1次/年	
孝儿镇联村	V12	水源水质检测频次	1次/年	4次/年	4次/年	效益型
珙泉镇场镇			2次/年	24次/年	24次/年	

其他三个定性指标专家打分情况见表6.12—表6.14。根据前面确定的计算方式可得备灾阶段环境韧性各评价指标的属性值:

(1)利民村村级供水工程:

$$S_1(V7) = \{(H_1, 0), (H_2, 0), (H_3, 1), (H_4, 0), (H_5, 0)\}$$
$$S_1(V8) = \{(H_1, 1), (H_2, 0), (H_3, 0), (H_4, 0), (H_5, 0)\}$$
$$S_1(V9) = \{(H_1, 0), (H_2, 0.377), (H_3, 0.623), (H_4, 0), (H_5, 0)\}$$
$$S_1(V10) = \{(H_1, 0), (H_2, 0.227), (H_3, 0.773), (H_4, 0), (H_5, 0)\}$$
$$S_1(V11) = \{(H_1, 0), (H_2, 0), (H_3, 0), (H_4, 0.227), (H_5, 0.773)\}$$
$$S_1(V12) = \{(H_1, 0), (H_2, 0), (H_3, 1), (H_4, 0), (H_5, 0)\}$$

(2)孝儿镇联村集中供水工程:

$$S_2(V7) = \{(H_1, 0), (H_2, 0), (H_3, 1), (H_4, 0), (H_5, 0)\}$$
$$S_2(V8) = \{(H_1, 1), (H_2, 0), (H_3, 0), (H_4, 0), (H_5, 0)\}$$
$$S_2(V9) = \{(H_1, 0), (H_2, 0.048), (H_3, 0.898), (H_4, 0.074), (H_5, 0)\}$$

$$S_2(V10) = \{(H_1, 0), (H_2, 0.128), (H_3, 0.872), (H_4, 0), (H_5, 0)\}$$

$$S_2(V11) = \{(H_1, 0), (H_2, 0), (H_3, 0.299), (H_4, 0.701), (H_5, 0)\}$$

$$S_2(V12) = \{(H_1, 0), (H_2, 0), (H_3, 0), (H_4, 0), (H_5, 1)\}$$

（3）珙泉镇场镇集中供水工程：

$$S_3(V7) = \{(H_1, 0), (H_2, 0), (H_3, 1), (H_4, 0), (H_5, 0)\}$$

$$S_3(V8) = \{(H_1, 1), (H_2, 0), (H_3, 0), (H_4, 0), (H_5, 0)\}$$

$$S_3(V9) = \{(H_1, 0), (H_2, 0.337), (H_3, 0.663), (H_4, 0), (H_5, 0)\}$$

$$S_3(V10) = \{(H_1, 0), (H_2, 0.227), (H_3, 0.773), (H_4, 0), (H_5, 0)\}$$

$$S_3(V11) = \{(H_1, 0), (H_2, 0), (H_3, 0.5), (H_4, 0.5), (H_5, 0)\}$$

$$S_3(V12) = \{(H_1, 0), (H_2, 0), (H_3, 0), (H_4, 0), (H_5, 1)\}$$

3）备灾阶段组织韧性的计算

备灾阶段的组织韧性总共包括5个评价指标，其中"V13应急演练次数"和"V17地震烈度"是定量评价指标。根据中国地震烈度的规定[306]以及专家意见，确定对农村供水系统产生破坏影响的最低和最高地震烈度。根据四川省地震局公布的"6·17"长宁地震的地震烈度图（见图6.1），确定本案例供水系统所在区域的地震烈度。此外，根据专家意见确定农村供水系统应急演练次数的最大值和最小值，这两个定量指标的具体取值范围见表6.17。

表6.17 珙县农村供水系统组织韧性定量指标评价依据

序号	变量	指标名称	最大	最小	利民村村级供水工程	孝儿镇联村集中供水工程	珙泉镇场镇集中供水工程	类型
1	V13	应急演练次数	4	0	0	1	2	效益型
2	V17	地震烈度	12	0	7	6	7	成本型

注：应急演练次数单位：次/年；地震烈度单位：度。

对于备灾阶段组织韧性的3个定性评价指标"V14有效的伙伴关系""V15法律和政策""V16组织结构"，采用专家打分方式确定属性值，具体评分情况见

表6.12—表6.14，根据前述方法计算可得三个农村供水系统备灾阶段组织韧性各评价指标的属性值：

（1）利民村村级供水工程：

$$S_1(V13) = \{(H_1, 1), (H_2, 0), (H_3, 0), (H_4, 0.0), (H_5, 0)\}$$

$$S_1(V14) = \{(H_1, 0), (H_2, 0.0), (H_3, 0.930), (H_4, 070), (H_5, 0)\}$$

$$S_1(V15) = \{(H_1, 0), (H_2, 0), (H_3, 0.070), (H_4, 0.930), (H_5, 0)\}$$

$$S_1(V16) = \{(H_1, 0), (H_2, 0), (H_3, 0.418), (H_4, 0.582), (H_5, 0)\}$$

$$S_1(V17) = \{(H_1, 0), (H_2, 0), (H_3, 0), (H_4, 0.667), (H_5, 0.333)\}$$

（2）孝儿镇联村集中供水工程：

$$S_2(V13) = \{(H_1, 0), (H_2, 1), (H_3, 0), (H_4, 0), (H_5, 0)\}$$

$$S_1(V14) = \{(H_1, 0), (H_2, 0.0), (H_3, 0.930), (H_4, 0.070), (H_5, 0)\}$$

$$S_1(V15) = \{(H_1, 0), (H_2, 0), (H_3, 0.070), (H_4, 0.930), (H_5, 0)\}$$

$$S_1(V16) = \{(H_1, 0), (H_2, 0), (H_3, 0.840), (H_4, 0.160), (H_5, 0)\}$$

$$S_1(V17) = \{(H_1, 0), (H_2, 0), (H_3, 0), (H_4, 0), (H_5, 1)\}$$

（3）珙泉镇场镇集中供水工程：

$$S_3(V13) = \{(H_1, 0), (H_2, 0), (H_3, 1), (H_4, 0), (H_5, 0)\}$$

$$S_3(V14) = \{(H_1, 0), (H_2, 0), (H_3, 0.374), (H_4, 0.626), (H_5, 0)\}$$

$$S_3(V15) = \{(H_1, 1), (H_2, 0), (H_3, 0.070), (H_4, 0.930), (H_5, 0)\}$$

$$S_3(V16) = \{(H_1, 0), (H_2, 0), (H_3, 0.128), (H_4, 0.872), (H_5, 0)\}$$

$$S_3(V17) = \{(H_1, 0), (H_2, 0), (H_3, 0), (H_4, 0.667), (H_5, 0.333)\}$$

4）备灾阶段社会韧性计算

备灾阶段社会韧性有5个评价指标均属于定性变量，采用专家主观判断方式进行确定，3位专家采用信任结构框架分别对每个指标打分，具体评分情况见表6.12—表6.14。根据前述方法对3位专家的评价信息进行融合，可以得到3个农村供水系统备灾阶段社会韧性的评价指标属性值：

（1）利民村村级供水工程：

$$S_1(V18) = \{(H_1, 0), (H_2, 0), (H_3, 0.299), (H_4, 0.701), (H_5, 0)\}$$

$$S_1(V19) = \{(H_1, 0), (H_2, 0), (H_3, 0.262), (H_4, 0.738), (H_5, 0)\}$$

$$S_1(V20) = \{(H_1, 0), (H_2, 0), (H_3, 0), (H_4, 0.458), (H_5, 0.542)\}$$

$$S_1(V21) = \{(H_1, 1), (H_2, 0), (H_3, 0), (H_4, 0.378), (H_5, 0.622)\}$$

（2）孝儿镇联村集中供水工程：

$$S_1(V18) = \{(H_1, 0), (H_2, 0), (H_3, 0.299), (H_4, 0.701), (H_5, 0)\}$$

$$S_1(V19) = \{(H_1, 0), (H_2, 0), (H_3, 0.262), (H_4, 0.738), (H_5, 0)\}$$

$$S_1(V20) = \{(H_1, 0), (H_2, 0), (H_3, 0), (H_4, 0.458), (H_5, 0.542)\}$$

$$S_1(V21) = \{(H_1, 0), (H_2, 0), (H_3, 0.191), (H_4, 0.809), (H_5, 0)\}$$

（3）珙泉镇场镇集中供水工程：

$$S_3(V18) = \{(H_1, 0), (H_2, 0), (H_3, 0.159), (H_4, 0.841), (H_5, 0)\}$$

$$S_3(V19) = \{(H_1, 0), (H_2, 0), (H_3, 0.262), (H_4, 0.738), (H_5, 0)\}$$

$$S_3(V20) = \{(H_1, 0), (H_2, 0), (H_3, 0), (H_4, 0.458), (H_5, 0.542)\}$$

$$S_3(V21) = \{(H_1, 0), (H_2, 0.046), (H_3, 0.932), (H_4, 0.023), (H_5, 0)\}$$

5）备灾阶段技术韧性计算

备灾阶段的技术韧性总共包括5个评价指标，其中"V23地震设计"为定量指标，根据现行的中国地震动区划图[303]以及与地震设防等级之间的对应关系[304]，确定全国各地设置地震设防烈度的最低和最高要求及珙县的地震设防烈度要求，具体量化指标见表6.18。

表6.18　珙县农村供水工程技术韧性定量指标评价依据

序号	变量	指标名称	最高	最低	珙县灾后重建村级供水工程	孝儿镇集中供水工程	珙泉镇场镇集中供水工程	类型
1	V23	抗震设计	9	6	6	6	6	效益型

此外,由于农村地区的环境差异很大,农村供水系统的设计存在较大差异,根据专家意见,将"V22替代水源""V24应急电力""V25独立消防供水设计"和"V26地震预警监测"这4个指标作为定性指标进行评价,专家打分详情见表6.12—表6.14。根据前述方法对3位专家的评价信息进行融合,可以得到3个供水工程备灾阶段技术韧性的评价指标属性值:

(1)利民村村级供水工程:

$$S_1(V22) = \{(H_1, 0), (H_2, 0), (H_3, 0.378), (H_4, 0.622), (H_5, 0)\}$$
$$S_1(V23) = \{(H_1, 1), (H_2, 0), (H_3, 0), (H_4, 0), (H_5, 0)\}$$
$$S_1(V24) = \{(H_1, 0), (H_2, 0), (H_3, 0), (H_4, 0), (H_5, 1)\}$$
$$S_1(V25) = \{(H_1, 0), (H_2, 0.159), (H_3, 0.841), (H_4, 1), (H_5, 0)\}$$
$$S_1(V26) = \{(H_1, 0), (H_2, 0.189), (H_3, 0.811), (H_4, 0), (H_5, 0)\}$$

(2)孝儿镇联村集中供水工程:

$$S_2(V22) = \{(H_1, 0), (H_2, 0), (H_3, 0.582), (H_4, 0.418), (H_5, 0)\}$$
$$S_2(V23) = \{(H_1, 1), (H_2, 0), (H_3, 0), (H_4, 0), (H_5, 0)\}$$
$$S_2(V24) = \{(H_1, 0), (H_2, 0), (H_3, 0), (H_4, 0), (H_5, 1)\}$$
$$S_2(V25) = \{(H_1, 0), (H_2, 0), (H_3, 0.622), (H_4, 0.378), (H_5, 0)\}$$
$$S_2(V26) = \{(H_1, 0), (H_2, 0), (H_3, 0.663), (H_4, 0.337), (H_5, 0)\}$$

(3)珙泉镇场镇集中供水工程:

$$S_3(V22) = \{(H_1, 0), (H_2, 0), (H_3, 0.662), (H_4, 0.338), (H_5, 0)\}$$
$$S_3(V23) = \{(H_1, 1), (H_2, 0), (H_3, 0), (H_4, 0), (H_5, 0)\}$$
$$S_3(V24) = \{(H_1, 0), (H_2, 0), (H_3, 0.159), (H_4, 0.841), (H_5, 0)\}$$
$$S_3(V25) = \{(H_1, 0), (H_2, 0.239), (H_3, 0.652), (H_4, 0.109), (H_5, 0)\}$$
$$S_3(V26) = \{(H_1, 0), (H_2, 0.222), (H_3, 0.778), (H_4, 0), (H_5, 0)\}$$

6.4.3 备灾阶段吸收能力评价

1)备灾阶段地震韧性指数融合

为了便于决策者直观地判断农村供水系统的地震韧性状态,还需通过证据推理理论将指标权重和属性值进行融合并逐步合成最终的指数,以便决策者对供水系统当前的韧性状态形成直观的判断并进行横向比较。根据第5章的计算框架,农村供水系统备灾阶段地震韧性指数合成总共包括3个步骤:首先,分别将备灾阶段下的5个准则下的各加权后的评价指标值进行融合,获得5个准则层加权后的属性值;其次,使用同样的合成规则对备灾阶段加权后的5个准则层属性值进行合成,得到农村供水系统备灾阶段地震韧性的属性值;最后,进行归一化处理得到供水系统备灾阶段的地震韧性状态指数。本研究以利民村村级集中供水工程备灾阶段的经济韧性为例进行详细阐述。

利民村村级集中供水工程备灾阶段的经济韧性:

首先,在加权情况下对各个因素的属性值进行调整。以 V1 为例,具体计算步骤如下:

因素 V1:$E_{1,1}=0$,$E_{2,1}=0$,$E_{3,1}=0.337\times0.096=0.032$

$E_{4,1}=0.662\times0.096=0.064$,$E_{5,1}=0$

$\overline{E}_{H,1}=1-0.096=0.904$,$\widetilde{E}_{H,1}=0$

因素 V2:$E_{1,2}=0$,$E_{2,2}=0$,$E_{3,2}=0.418\times0.075=0.039$

$E_{4,2}=0.582\times0.075=0.039$,$E_{5,2}=0$

$\overline{E}_{H,2}=0.925$,$\widetilde{E}_{H,2}=0$

因素 V3:$E_{1,3}=0$,$E_{2,3}=0$,$E_{3,3}=0.5\times0.079=0.032$

$E_{4,3}=0.5\times0.079=0.064$,$E_{5,3}=0$

$\overline{E}_{H,3}=0.921$,$\widetilde{E}_{H,3}=0$

因素 V4:$E_{1,4}=0$,$E_{2,4}=0$,$E_{3,4}=0.949\times0.022=0.021$

$E_{4,4}=0.051\times0.022=0.001$,$E_{5,4}=0$

$\overline{E}_{H,4}=0.978$,$\widetilde{E}_{H,4}=0$

因素 V5：$E_{1,5}=1 \times 0.395=0.395$，$E_{2,5}=0$，$E_{3,5}=0$

$E_{4,5}=0$，$E_{5,5}=0$

$\overline{E}_{H,5}=0.606$，$\widetilde{E}_{H,5}=0$

因素 V6：$E_{1,6}=0$，$E_{2,6}=0$，$E_{3,6}=0.378 \times 0.333=0.126$

$E_{4,6}=0.622 \times 0.333=0.207$，$E_{5,6}=0$

$\overline{E}_{H,6}=0.667$，$\widetilde{E}_{H,6}=0$

将调整后的因素 V1 与因素 V2 合成，再依次与 V3、V4、V5、V6 合成，最终得到准则层备灾阶段经济韧性（ERIDPS）的属性值：

$$S(\text{ERIDPS}) = \{(H_1, 0.437), (H_2, 0.026), (H_3, 0.125), (H_4, 0.343), (H_5, 0.069)\}$$

同理，计算出备灾阶段其余 4 个准则层的属性值：

$$S(\text{EnRIDPS}) = \{(H_1, 0.071), (H_2, 0.023), (H_3, 0.882), (H_4, 0.024), (H_5, 0)\}$$

$$S(\text{ORIDPS}) = \{(H_1, 0.058), (H_2, 0), (H_3, 0.161), (H_4, 0.648), (H_5, 0.134)\}$$

$$S(\text{SRIDPS}) = \{(H_1, 0), (H_2, 0), (H_3, 0.020), (H_4, 0.438), (H_5, 0.542)\}$$

$$S(\text{TRIDPS}) = \{(H_1, 0.119), (H_2, 0.016), (H_3, 0.370), (H_4, 0.492), (H_5, 0.004)\}$$

将备灾阶段 5 个准则层属性值与权重结合，采用同样的证据合成法，计算出备灾阶段农村供水工程的属性值：

$$S_1(R_1) = \{(H_1, 0.244), (H_2, 0.019), (H_3, 0.373), (H_4, 0.365), (H_5, 0.088)\}$$

为了更直观地了解评价结果，根据 6.1.3 节计算出的 H_1—H_5 的效应值，利民村村级供水工程备灾阶段地震韧性状态的属性值可按下式计算：

$$u_1(R_1) = u(H_1) \times 0.244 + u(H_2) \times 0.019 + u(H_3) \times 0.373 + u(H_4) \times 0.365 + u(H_5) \times 0.088$$

计算得出利民村村级供水工程备灾阶段地震韧性的效应值为 0.071，其中备灾阶段经济韧性的效应值为：-0.169；备灾阶段环境韧性的效应值：-0.007，备灾阶段组织韧性的效应值：0.457；备灾阶段社会韧性的效应值：0.790；备灾阶段技术韧性的效应值为 0.183。同理，可计算孝儿镇联村集中供水工程备灾阶段的韧性状态效应值和珙泉镇场镇集中供水工程备灾阶段地震韧性的效应值。以上 3 个农村供水工程各维度得分及排序情况见表 6.19。

表6.19　珙县3个供水工程备灾阶段各准则层得分排序

准则层	利民村村级供水工程		孝儿镇联村集中供水工程		珙泉镇场镇集中供水工程	
	得分	排序	得分	排序	得分	排序
备灾阶段吸收能力	0.071	3	0.225	2	0.232	1
备灾阶段经济韧性	−0.169	5	0.089	5	0.134	5
备灾阶段环境韧性	−0.007	4	0.219	3	0.212	3
备灾阶段社会韧性	0.790	1	0.534	2	0.234	2
备灾阶段组织韧性	0.457	2	0.555	1	0.632	1
备灾阶段技术韧性	0.183	3	0.168	4	0.176	4

2)备灾阶段地震韧性的讨论

根据表6.19可以看出,与韧性阈值相比,从总体上看,3个供水工程的吸收能力都达到了韧性阈值(0.067),首先是珙泉镇场镇集中供水工程由于较高的组织韧性和经济韧性从而具有更高的吸收能力,其次是孝儿镇联村供水工程,这两个供水工程备灾阶段的吸收能力都介于一般和较好之间,排在最后的是利民村村级供水工程,其备灾阶段的吸收能力略高于韧性阈值。下面,结合3个供水工程的实际情况分维度进行讨论。

首先是经济维度,在3个供水工程中,经济韧性都是制约供水工程备灾阶段吸收能力最大的因素。其中利民村村级供水工程经济韧性的得分最低,为−0.106,低于韧性阈值(0.067),介于运营较差和一般之间。主要原因是该工程于2020年8月灾后重建完工投入运营后,实行免费制度,目前供水工程的正常运营维护费用完全靠村委会自有基金进行补贴。无法落实收费的原因主要有两个:一是考虑到"6·17"地震灾害对当地农村居民带来的消极影响,暂时免收水费;二是由于"6·17"地震影响和持续小地震影响导致取水水源(山溪水)渗漏,无法保证为居民持续供水,尤其是枯水期。孝儿镇联村集中供水工程经济韧性为0.089,稍高于韧性阈值(0.067)。目前该联村供水工程实际收取水费标准为1.5元/m³,而根据供水工程规划测算,水费需要2.14元/m³才可实现稳健运营,水费不足以支撑供水工程的日常运维,每年均需村委会进行部分补贴。珙泉镇场镇集中供水工程经济韧性为0.134,处于一般和较好之间。场镇供水工程由水务公司负责运营,由于服务人口较多,群众缴费喝水的意识较高,建立了相对完善的三级水费缴费制度,水费基本可以维持供水工程的正常运营。规模越小的农村供水工程,运维经费越短缺,这和现有的关于农村供水工程运营状况的诸多研究结论一致[12, 14]。此外,由于农村供水工程属于公益性基础设施,不以营利为目的,因此在应对地震灾害的可用资金方面,以各级财政补贴和水务公司自筹为主,如"6·17"长宁地震后,利民村等珙县村级供水工程的灾后重建资金全部为县级财政部门筹措资金,而珙泉镇场镇集中供水工程灾后加固维护资金为水务公司自筹经费建设。因此,以上3个农村供水工程备灾阶段的经济韧性都不高。

环境维度方面,首先是珙泉镇场镇集中供水工程环境韧性最高,其次是孝儿镇联村集中供水工程。这两个供水工程的环境韧性都高于韧性阈值,介于一般和较好之间。利民村村级供水工程环境韧性最差,略低于韧性阈值。珙县是山区县,水资源分布存在空间局限,由于地势高低起伏,对供水管网的分布存在较大局限。珙泉镇场镇集中供水工程所在地地势相对平缓,水源取自长宁河右岸支流小溪沟的地表水,人口居住最集中,对管网的布局局限相对较小,孝儿镇联村供水工程及利民村村级供水工程水源地的地势都相对较高,地形对管网的布局都存在较大的局限。此外,珙县在气候条件方面存在明显的丰水期(汛期)和枯水期,丰水期水量充沛,但是水源浑浊度较高,使用地表水作水源的源水水质较易受到影响,枯水期地表水水源容易缺水,水量会受到影响,例如,使用河水作为水源的珙泉镇场镇集中供水工程和使用水库水作为水源的孝儿镇联村集中供水工程,而利民村村级供水工程水质则影响较小(水源为山溪水)。而地震灾害则加剧了环境对供水服务的影响,例如,5级以上地震会影响孝儿镇联村水源的源水水质,水质会变浑浊,而"6·17"地震及之后的小地震则造成利民村村级供水工程源水渗漏,水量不足,枯水期尤其明显。在枯水期发生地震加剧供水短缺的风险,在丰水期发生地震加剧水质污染的风险,这和文献中的研究结论相一致。

社会维度方面,3个农村供水工程的社会韧性都较高。首先是利民村村级供水工程备灾阶段的社会韧性得分最高,为0.790;其次是孝儿镇联村集中供水工程,为0.534,这两个供水工程的社会韧性都处于较好状态;最后是珙泉镇场镇集中供水工程社会韧性最低,为0.234,处于一般和较好之间。由于近年来珙县持续发生6级以内的小地震,珙县的地震救灾知识得到广泛的宣传,3个供水工程服务区域内的农村居民在"6·17"地震期间都展现出了对政府和应急管理部门救援工作的高度信任,在"6·17"地震的应急响应期间,灾区的村民们积极参与供水工程的故障报修,在利民村供水工程灾后重建过程中,大多数群众主动配合主管部门与设计单位的实地调查及供水线路选线,并提出合理化建议。此外,利民村的大部分居民还保留了自建水井应对枯水期,并自建了蓄水池在丰水期从山泉等引流进行储备以应对未知的突发性停水,形成了较强的社会韧性。孝儿镇联村供水工程服务区域内只有部分农村居民留有自建水井和蓄水池,在丰水期从山泉等引流进行储备,具备了一定的社会韧性。而珙泉镇场镇集中供水工程服务辖区内的居民均没有自建水井,只有部分居民自建了蓄水池(单户或者联户)在丰水期从山泉引水,供短期的应急停水使用。

组织维度方面,3个供水工程都具有较高的组织维度。首先是珙泉镇场镇集中供水工程的组织韧性最高,为0.632,其次是孝儿镇联村供水工程,为0.555,最后是利民村村级集中供水工程,为0.452,这3个供水工程的组织韧性都处于较好状态。珙县虽然地震频次较多,但是大部分都是较小的地震,对于6级及以下震级的地震,3个供水工程的管理人员都有较为丰富的经验进行应对。此外,珙泉镇场镇集中供水工程由珙县泓源水务公司统一管理,拥有较完善的管理体制和员工培训机制,与水务公司管辖内的珙县其他供水工程、环保部门及疾控中心等单位都保持了良好的关系,形成了较强的组织韧性。孝儿镇联村供水工程和利民村村级供水工程都是由村委会运营,管理体制相对较弱,与其他供水组织、环保部门和疾控中心缺乏有效的联系。

技术维度方面,3个供水工程的技术韧性在5个维度中排名都相对靠后,都处于一般韧性状态。根据第4章和第5章的研究可知,与城市供水系统相比,农村供水系统的建设更多地受制于经济和环境等因素的影响。利民村村级供水工程是2020年8月灾后重建投入运营的,规划建设的地震设计、需水量、水源选择等都按照最新标准执行,因此技术韧性略高于另外两个供水工程,但是由于"6·17"地震影响,山溪水存在渗漏情况,导致水量存在一定不足,尤其是枯水期,缺水问题更加突出,需要备用水源进行补充,但是由于地形和资金限制,备用水源问题一直没有得到解决。孝儿镇联村集中供水工程于2015年开始建设,设计服务人口为6 000人,但2015年投入运营后,由于村镇行政区域变更(合并了两个村),该供水工程目前实际服务人口增至8 000人,超出了设计服务能力,由于资金短缺,一直无法落实备用水源问题。珙泉镇场镇集中供水工程1990年投入运营,已经进入淘汰期,技术设计相对落后,由于水务公司已有建设新的供水工程计划,"6·17"长宁地震恢复阶段仅对水厂厂房按照6级地震要求进行了排危加固处理,对明显损坏管网进行部分更换,管网存在一定的老化渗漏情况。此外,村级供水工程和联村供水工程都采用重力设计,且不需要运行消毒设施(联村供水工程采取药物消毒),故对电力系统的依赖性小。珙泉镇场镇集中供水系统泵房和消毒设施的运营都需要用电,水厂拥有一台小型应急发电设备,可供短期停电使用,对电力系统存在一定的依赖性。

6.5 应急响应阶段韧性状态评价

6.4节评价了珙县三类农村供水系统备灾阶段应对地震灾害的吸收能力,根据第5章介绍的模型计算步骤,本节继续评价三类农村供水系统当前具有的适应能力。

6.5.1 计算应急响应阶段评价指标的组合权重

根据6.4节计算权重的方法分别对利民村村级供水工程、孝儿镇联村集中供水工程和珙泉镇场镇集中供水工程计算权重,见表6.20。

表6.20　基于博弈论组合赋权确定的拱县农村供水系统应急响应阶段各指标权重

变量	因素名称	利民村级供水工程			孝儿镇联村供水工程			拱泉镇镇供水工程		
		ANP法权重	熵权法权重	组合法权重	ANP法权重	熵权法权重	组合权重	ANP法权重	熵权法权重	组合权重
R_l	吸收能力	0.344 638	0.735 634 312	0.602 328 355	0.350 268	0.767 785 19	0.613 200 841	0.296 338	0.782 350 571	0.673 743 637
V27	剩余的服务能力	0.183 429	0.047 168 632	0.093 625 129	0.219 000	0.039 717 10	0.106 095 994	0.073 08	0.037 433 54	0.045 399 29
V28	智能故障监测	0.031 331	0.047 521 35	0.042 001 425	0.031 085	0.032 020 05	0.031 673 848	0.016 271	0.029 010 89	0.026 163 968
V29	应急响应计划	0.030 346	0.044 388 96	0.039 601 164	0.026 634	0.040 355 97	0.035 275 458	0.028 801	0.037 708 72	0.035 718 152
V30	领导力	0.081 976	0.046 714 78	0.058 736 712	0.075 434	0.040 052 07	0.053 152 11	0.133 7	0.037 749 26	0.059 190 916
V31	灾后用水需求	0.235 96	0.043 015 78	0.108 798 02	0.196 785	0.040 009 05	0.098 054 826	0.166 8	0.037 708 72	0.066 556 137
V32	应急供水	0.092 32	0.035 556 19	0.054 909 195	0.100 794	0.040 060 57	0.062 546 923	0.285 01	0.038 038 30	0.093 227 9

6.5.2 应急响应阶段评价指标的属性评价

根据6.4节计算评价指标属性值的方法分别对珙县利民村村级供水工程、孝儿镇联村集中供水工程及珙泉镇场镇集中供水工程应急响应阶段的评价指标属性值进行计算：

（1）利民村村级供水工程：

$$S(R_1) = \left\{(H_1, 0.224), (H_2, 0.013), (H_3, 0.335), (H_4, 0.343), (H_5, 0.085)\right\}$$

$$S(V27) = \left\{(H_1, 0), (H_2, 0), (H_3, 0.378), (H_4, 0.622), (H_5, 0)\right\}$$

$$S(V28) = \left\{(H_1, 0), (H_2, 0.776), (H_3, 0.224), (H_4, 0), (H_5, 0)\right\}$$

$$S(V29) = \left\{(H_1, 0), (H_2, 0), (H_3, 0.126), (H_4, 0.874), (H_5, 0)\right\}$$

$$S(V30) = \left\{(H_1, 0), (H_2, 0), (H_3, 0.417), (H_4, 0.583), (H_5, 0)\right\}$$

$$S(V31) = \left\{(H_1, 0), (H_2, 0), (H_3, 0.299), (H_4, 0.701), (H_5, 0)\right\}$$

$$S(V32) = \left\{(H_1, 0), (H_2, 0), (H_3, 0.338), (H_4, 0.662), (H_5, 0)\right\}$$

（2）孝儿镇联村集中供水工程：

$$S(R_1) = \left\{(H_1, 0.026), (H_2, 0.035), (H_3, 0.668), (H_4, 0.152), (H_5, 0.119)\right\}$$

$$S(V27) = \left\{(H_1, 0), (H_2, 0), (H_3, 0.159), (H_4, 0.841), (H_5, 0)\right\}$$

$$S(V28) = \left\{(H_1, 0), (H_2, 0.776), (H_3, 0.224), (H_4, 0), (H_5, 0)\right\}$$

$$S(V29) = \left\{(H_1, 0), (H_2, 0), (H_3, 0.070), (H_4, 0.930), (H_5, 0)\right\}$$

$$S(V30) = \left\{(H_1, 0), (H_2, 0), (H_3, 0.417), (H_4, 0.583), (H_5, 0)\right\}$$

$$S(V31) = \left\{(H_1, 0), (H_2, 0), (H_3, 0.299), (H_4, 0.701), (H_5, 0)\right\}$$

$$S(V32) = \left\{(H_1, 0), (H_2, 0), (H_3, 0.338), (H_4, 0.662), (H_5, 0)\right\}$$

（3）珙泉镇场镇集中供水工程：

$$S(R_1) = \left\{(H_1, 0.025), (H_2, 0.068), (H_3, 0.563), (H_4, 0.267), (H_5, 0.076)\right\}$$

$$S(V27) = \left\{(H_1, 0), (H_2, 0), (H_3, 0.5), (H_4, 0.5), (H_5, 0)\right\}$$

$$S(V28) = \left\{(H_1, 0), (H_2, 0.416), (H_3, 0.584), (H_4, 0), (H_5, 0)\right\}$$

$$S(V29) = \left\{(H_1, 0), (H_2, 0), (H_3, 0.070), (H_4, 0.930), (H_5, 0)\right\}$$

$$S(\text{V30}) = \left\{(H_1, 0), (H_2, 0), (H_3, 0417), (H_4, 0.583), (H_5, 0)\right\}$$
$$S(\text{V31}) = \left\{(H_1, 0), (H_2, 0), (H_3, 0.299), (H_4, 0.701), (H_5, 0)\right\}$$
$$S(\text{V32}) = \left\{(H_1, 0), (H_2, 0), (H_3, 0.260), (H_4, 0.740), (H_5, 0)\right\}$$

6.5.3　应急响应阶段适应能力评价

1)应急响应阶段地震韧性指数融合

根据前述方法对3个农村供水工程应急响应阶段各评价指标的权重和属性值进行融合,可得:

(1)利民村村级供水工程:

$$S_1(R_2) = \left\{(H_1, 0.172), (H_2, 0.027), (H_3, 0.353), (H_4, 0.446), (H_5, 0.066)\right\}$$

(2)孝儿镇联村供水工程:

$$S_2(R_2) = \left\{(H_1, 0.019), (H_2, 0.037), (H_3, 0.576), (H_4, 0.284), (H_5, 0.084)\right\}$$

(3)珙泉镇场镇供水工程:

$$S_3(R_2) = \left\{(H_1, 0.017), (H_2, 0.054), (H_3, 0.494), (H_4, 0.371), (H_5, 0.063)\right\}$$

计算出3个供水工程适应能力的效应值分别为:$u_1(R_2)=0.160$,$u_2(R_2)=$ 0.249,$u_3(R_2)=0.265$。3个供水工程应急响应阶段适应能力的得分及排序见表6.21。

表6.21　珙县3个供水工程应急响应阶段适应能力得分排序

准则层	利民村村级供水工程			孝儿镇联村集中供水工程			珙泉镇场镇集中供水工程		
	韧性阈值	得分	排序	韧性阈值	得分	排序	韧性阈值	得分	排序
适应能力	0.067	0.160	3	0.067	0.249	2	0.134	0.265	1

2)应急响应阶段地震韧性评价

从表6.21中可以看出,3个供水工程应急响应阶段的适应能力均大于管控阈值,其中珙泉镇场镇集中供水工程具有较好的应急供水能力和相对完善的应急预案,适应能力最强,其次是孝儿镇联村集中供水工程和利民村村级供水工程。3个供水工程的智能故障监测指标得分都较低,珙泉镇场镇供水工程是因建设时间太久,设计相对落后;孝儿镇联村和利民村村级供水工程是因资金有限,智能故障监测设计的优先等级相对较低。

6.6 灾后恢复阶段恢复能力评价

前两节分别评价了珙县三类农村供水系统的吸收能力和适应能力,根据第5章介绍的模型计算步骤,本节继续评价三类农村供水系统灾后恢复阶段的恢复能力。

6.6.1 计算灾后恢复阶段评价指标的组合权重

根据前述计算权重的方法分别计算3个供水工程的权重,见表6.22。

6.6.2 灾后恢复阶段评价指标的属性评价

根据前述评价指标属性值的方法,分别对珙县利民村村级供水工程、孝儿镇联村集中供水工程及珙泉镇场镇集中供水工程灾后恢复阶段的评价指标属性值进行评价:

表6.22　基于博弈论组合赋权确定的农村系统灾后恢复阶段各指标权重

变量	因素名称	利民村村级供水工程			孝儿镇联村集中供水工程			珙泉镇场镇集中供水工程		
		ANP法权重	熵权法权重	组合法权重	ANP法权重	熵权法权重	组合权重	ANP法权重	熵权法权重	组合权重
$R2$	适应能力	0.304 499	0.786 546 627	0.650 622 809	0.302 067	0.824 245 626	0.677 169 207	0.416 639	0.862 889 593	0.627 291 721
V33	专业人员储备	0.041 228	0.034 913 99	0.036 694 36	0.042 082	0.020 929 82	0.026 887 527	0.077 627	0.020 651 31	0.050 731 608
V34	系统恢复程度	0.267 76	0.037 316 19	0.102 294 839	0.283 899	0.033 639 83	0.104 127 627	0.053 509	0.013 061 31	0.034 415 656
V35	维修记录	0.024 373	0.036 740 83	0.033 253 451	0.024 602	0.026 392 38	0.025 888 105	0.049 746	0.020 651 31	0.036 011 842
V36	决策	0.121 922	0.035 686 46	0.060 002 446	0.112 004	0.029 500 52	0.052 738 388	0.110 983	0.025 033 20	0.070 410 37
V37	政治意愿	0.171 971	0.037 156 79	0.075 170 593	0.166 216	0.033 019 75	0.070 535 703	0.154 568	0.029 107 96	0.095 344 552
V38	危机洞察力	0.068 246	0.031 639 11	0.041 961 22	0.069 13	0.032 272 07	0.042 653 443	0.136 928	0.028 605 32	0.085 794 25

(1)利民村村级供水工程：

$S_1(R_2)=\{(H_1,0.154),(H_2,0.025),(H_3,0.328),(H_4,0.434),(H_5,0.059)\}$

$S_1(V33)=\{(H_1,0),(H_2,0.622),(H_3,0.378),(H_4,0),(H_5,0)\}$

$S_1(V34)=\{(H_1,0),(H_2,0),(H_3,0.098),(H_4,0.902),(H_5,0)\}$

$S_1(V35)=\{(H_1,0),(H_2,0.059),(H_3,0.647),(H_4,0.235),(H_5,0.059)\}$

$S_1(V36)=\{(H_1,0),(H_2,0),(H_3,0.622),(H_4,0.378),(H_5,0)\}$

$S_1(V37)=\{(H_1,0),(H_2,0),(H_3,0),(H_4,0.874),(H_5,0.126)\}$

$S_1(V38)=\{(H_1,0),(H_2,0),(H_3,0),(H_4,0.542),(H_5,0.458)\}$

(2)孝儿镇联村集中供水工程：

$S_2(R_2)=\{(H_1,0.019),(H_2,0.037),(H_3,0.576),(H_4,0.284),(H_5,0.084)\}$

$S_2(V33)=\{(H_1,0),(H_2,0.622),(H_3,0.378),(H_4,0),(H_5,0)\}$

$S_2(V34)=\{(H_1,0),(H_2,0),(H_3,0.188),(H_4,0.812),(H_5,0)\}$

$S_2(V35)=\{(H_1,0),(H_2,0.292),(H_3,0.708),(H_4,0),(H_5,0)\}$

$S_2(V36)=\{(H_1,0),(H_2,0),(H_3,0.738),(H_4,0.262),(H_5,0)\}$

$S_2(V37)=\{(H_1,0),(H_2,0),(H_3,0),(H_4,0.874),(H_5,0.126)\}$

$S_2(V38)=\{(H_1,0),(H_2,0.299),(H_3,0.701),(H_4,0),(H_5,0)\}$

(3)珙泉镇场镇集中供水工程：

$S_3(R_2)=\{(H_1,0.017),(H_2,0.054),(H_3,0.752\,2),(H_4,0.355),(H_5,0.053)\}$

$S_3(V33)=\{(H_1,0),(H_2,0.622),(H_3,0.378),(H_4,0),(H_5,0)\}$

$S_3(V34)=\{(H_1,0.262),(H_2,0.768),(H_3,0),(H_4,0),(H_5,0)\}$

$S_3(V35)=\{(H_1,0),(H_2,0.098),(H_3,0.902),(H_4,0),(H_5,0)\}$

$S_3(V36)=\{(H_1,0),(H_2,0.378),(H_3,0.622),(H_4,0),(H_5,0)\}$

$S_3(V37)=\{(H_1,0.192),(H_2,0.808),(H_3,0),(H_4,0),(H_5,0)\}$

$S_3(V38)=\{(H_1,0),(H_2,0),(H_3,0.701),(H_4,0.299),(H_5,0)\}$

6.6.3 灾后恢复阶段恢复能力评价

1)灾后恢复阶段地震韧性指数融合

根据前述方法对三类农村供水系统应急响应阶段各评价指标的权重和属性值进行融合,可得:

(1)利民村村级供水工程:

$$S_1(R_3) = \{(H_1, 0.116), (H_2, 0.036), (H_3, 0.296), (H_4, 0.494), (H_5, 0.057)\}$$

(2)孝儿镇联村集中供水工程:

$$S_2(R_3) = \{(H_1, 0.014), (H_2, 0.043), (H_3, 0.573), (H_4, 0.306), (H_5, 0.064)\}$$

(3)珙泉镇场镇集中供水工程:

$$S_3(R_3) = \{(H_1, 0.032), (H_2, 0.129), (H_3, 0.480), (H_4, 0.308), (H_5, 0.051)\}$$

计算出 3 个供水工程恢复能力的效应值分别为: $u_1(R_3) = 0.224$, $u_2(R_3) = 0.242$, $u_3(R_3) = 0.169$。3 个供水工程应急响应阶段适应能力的得分及排序见表6.23。

表6.23 珙县3个供水工程灾后恢复阶段恢复能力得分排序

准则层	利民村村级供水工程			孝儿镇联村集中供水工程			珙泉镇场镇集中供水工程		
	韧性阈值	得分	排序	韧性阈值	得分	排序	韧性阈值	得分	排序
恢复能力	0.134	0.224	2	0.067	0.242	1	0	0.169	3

2)灾后恢复阶段地震韧性评价

从表6.23中可以看出,3个供水系统灾后恢复阶段的恢复能力都达到了管控阈值,首先是孝儿镇联村供水工程恢复能力最强,其次是利民村村级供水工程,最后是珙泉镇场镇集中供水工程。场镇供水工程恢复能力较低的原因是有新建供水工程的计划,决策者对现有系统灾后恢复程度的预期较低,支持投资现有系统灾后重建的政治意愿较低。

6.7 本章小结

　　本章的主要目的是验证基于证据推理理论的多阶段农村供水系统地震韧性动态评价模型的可行性和实用性。经选取珙县三类农村供水工程(处于运营初期的"6·17"长宁地震灾后重建的利民村Ⅴ类农村小型供水工程、处于运营中期的孝儿镇Ⅵ类农村集中供水工程及处于淘汰期的珙泉镇场镇Ⅲ类农村集中供水工程)作为研究案例,首先通过问卷数据及专家访谈的方式对评价指标进行组合赋权,然后根据相关权威机构提供的数据及专家打分的方式分别评估指标的状态(属性值)进行定性和定量的评价,再通过证据推理理论对定性和定量指标的属性值和权重进行融合,最后基于效用理论将3个供水工程备灾、应急响应及灾后恢复3个阶段的韧性状态用具体的综合指数表示出来。本章详细阐述了利民村村级供水工程、孝儿镇联村集中供水工程及珙泉镇场镇集中供水工程这3个农村供水工程当前的韧性状态并进行了横向比较,演示了该模型如何辅助农村供水系统决策者在农村供水系统运营阶段进行决策。

　　从案例的评价过程和结果来看,评价模型首先计算了3个供水工程备灾阶段的吸收能力指数和各维度韧性指数,在此基础上,各专家根据各供水工程在"6·17"地震应急响应阶段和灾后恢复阶段中的表现进一步计算出3个供水工程的适应能力指数和恢复能力指数,并与韧性管控目标(韧性阈值)进行比较,以及3个系统之间进行横向比较,通过对比排名,可以清晰地了解供水系统当前的韧性状态以及经济、环境、社会、组织和技术各维度因素对韧性状态的影响情况。评价结果可辅助决策者对农村供水工程建设、运营的投资先后顺序进行考量,也可以在同类供水工程中进行同比分析以发掘需要提升及改进的部分,进一步证明了评价模型的可行性和实用性。

7 总结与展望

7.1 引言

　　农村供水系统是最关键的农村基础设施之一,是关系农村居民生产和发展的重要民生工程。中华人民共和国成立以来,我国一直高度重视农村饮水安全。随着农村饮水安全工程等乡村振兴政策的实施,我国投入大量的资金建设农村基础设施,农村供水系统得到了迅速发展,截至2019年,农村集中供水率达到87%,农村居民的饮水供给问题已经基本解决。但是,发生在农村地区的一些破坏性地震(如"5·12"汶川地震、"4·14"玉树地震、"4·20"芦山地震等)都给农村供水系统造成了巨大的直接破坏和间接破坏,并危及大量农村居民的灾后饮水安全。与频率较低的大地震相比,震级较低的地震灾害(如"6·17"长宁地震和"9·16"泸县地震)虽然对农村供水系统的直接破坏性较小,但是会给农村供水系统带来持续性干扰。因此,如何评价农村供水系统应对地震灾害的能力并进行相应的韧性建设,以减小地震灾害对农村供水系统的消极影响,从而确保农村居民的安全供水是急需解决的问题。

　　由于地震灾害的备灾周期通常较长,在工程实践中,农村供水系统不仅要面临地震灾害,还要面临其他自然或人为的干扰破坏以及系统自身功能的衰退

（如管网老化等），农村供水系统地震韧性状态随着时间动态变化，因此需要对农村供水系统的地震韧性状态进行动态监测以确保可靠的农村供水服务。根据已有文献对城市供水系统的众多分析，供水系统的地震韧性受到诸多相互关联因素的影响，且绝大多数影响因素是定性的，对供水系统的地震韧性评价十分复杂且存在很大的不确定性。由于农村供水系统的韧性评价涉及众多影响因素，在地震灾害的不同阶段对系统韧性进行评价时，可能存在部分信息不完全甚至完全缺失的情形，进而增加了韧性状态评价的难度。鉴于实践中广泛采用主观、直觉和经验判断进行韧性评价存在很大不足，构建科学系统的供水系统地震韧性评价模型越来越受到学术界及业界的高度关注和青睐。为构建一套系统科学的农村供水系统地震韧性评价理论体系，本研究对该课题展开了深入的研究并取得一定的成果。本章从主要工作、研究创新、研究局限及研究展望4个方面对研究进行全面的总结。

7.2　主要工作

本研究的主要研究成果及结论可归纳为以下5个方面：

（1）识别农村供水系统地震韧性的重要影响因素。由于韧性的空间特性，农村供水系统地震韧性评价既要考虑供水系统地震韧性一般影响因素，还要考虑农村特有的经济、环境、社会和组织等影响农村饮水安全的因素。本研究通过对供水系统经济、社会、环境、组织和技术等维度的韧性影响因素研究以及对农村饮水安全的规章制度，农村饮水安全的环境问题及农村安全饮水工程建设等影响因素的研究进行了综合回顾，在此基础上，通过专家访谈对文献回顾识别出的潜在韧性影响因素进行了修正，最终得到41个农村供水系统地震韧性影响因素。通过对123份有效的农村供水系统利益相关者问卷数据的统计分析得出，这41个因素对农村供水系统地震韧性均有重要影响。

（2）揭示不同区域农村供水系统利益相关者对韧性影响因素重要性认知的关联性和差异性,并重点分析了地震灾害的发生给利益相关者认知影响因素重要性带来的影响。本研究根据调研问卷的数据,从潜在影响因素相对重要性排序,重要性评分的绝对差异和总体认知差异的一致性等多角度分析了是否经历过破坏性地震对利益相关者认知影响因素重要性的关联关系,研究得出不同的地震经历导致利益相关者在影响因素重要性排序、重要性评分和一致性上均存在差异。该结论反映了不同地区面临的地震灾害风险不同,地方决策者对农村供水系统的地震韧性目标不同,因此不应对影响因素分配固定的权重去评价不同地区的农村供水系统地震韧性,具有不同地震风险的农村供水系统地震韧性差异性应在评价模型中加以体现。

（3）探索灾害管理周期下农村供水系统地震韧性的影响机制。农村供水系统地震韧性在灾害管理周期各阶段受到众多因素的综合影响,表现为备灾阶段的吸收能力、应急响应阶段的适应能力及灾后恢复阶段的快速恢复能力。针对已有文献绝大多数都没有涵盖灾害管理周期的全过程或者不包括韧性的所有能力的情况,本研究在探索性因子分析的基础上将影响因素初步分成9个因素组,再结合灾害管理周期理论以及既有文献的最新研究结论,将各因素组调整为灾害管理周期下不同阶段的7个因素组并提出因素组之间相互关系的假设,利用PLS-SEM对各因素组之间的假设关系进行验证,最后根据验证得出的因素之间的直接和间接关系构建反映灾害管理周期下农村供水系统地震韧性影响机制的韧性评价框架。

（4）建立不完全信息下的多阶段农村供水系统地震韧性动态评价模型。农村供水系统涉及多方面利益相关者,因此农村供水系统地震韧性评价是一个多属性的群决策问题。针对农村供水系统地震韧性评价中存在众多定性指标的问题,本研究通过文献回顾,比较分析了众多指标赋权方法,最终采用基于博弈论的ANP法和熵值法进行组合赋权来获取评价指标的最优权重。针对地震灾害过程中不可避免的部分指标信息不完全的问题,本研究通过比较分析不同的评价方法,最后采用证据推理理论对群决策中多名专家对指标属性的评估值进行融合,基于效用理论将农村供水系统的韧性值归一化为一个综合指数值,以便决策者可以直观地与韧性阈值进行比较,并在不同供水系统之间进行横向比较。

(5)实证分析评价模型的可行性和实用性。为验证评价模型的可行性和实用性,本研究对2019年"6·17"长宁地震珙县灾区的三类农村供水工程的地震韧性进行了评价。案例详细阐述了3个供水工程备灾阶段的吸收能力、应急响应阶段的适应能力及灾后恢复阶段的恢复能力的计算和评价过程。在评价指标赋权阶段,根据供水工程的具体信息使用ANP法进行主观赋权,再通过对供水工程的主要利益相关者进行问卷调研,基于问卷数据使用熵权法对各评价指标进行客观赋权,基于博弈论理论通过Matlab软件求解各评价指标的最优权重。在计算评价指标属性值时,首先邀请专家们运用证据推理理论对定性指标的属性值进行赋值并对定性指标和定量指标进行融合,其次有效地解决了定性指标和不完全信息的问题,最后使用效应函数将供水工程各阶段的韧性状态转化为直观的效应指数,通过与韧性阈值比较和横向对比,决策者清晰地了解了供水工程当前的韧性状态以及经济、环境、社会、组织和技术等维度的现状。通过对3个供水工程的实证研究证明了评价模型的可行性,此外,评价结果对辅助决策者进行农村供水系统建设运营的投资先后顺序有较大的指导意义,因此评价模型具有较大的实用性。

7.3 研究创新

本研究基于灾害管理周期视角,首次对农村供水系统地震韧性进行了系统性研究,主要的创新成果如下:

(1)兼顾农村供水系统地震韧性评价需要考虑的一般性地震韧性影响因素

以及农村供水系统所处的特殊的环境、社会和经济等因素,首次识别出一套与农村供水系统特点相符合的综合地震韧性影响因素清单。针对韧性的空间差异,从是否经历过地震灾害的角度分析了不同地区利益相关者对因素重要性认知存在差异性,明确了构建农村供水系统地震韧性评价模型需要体现不同区域决策者对农村供水系统地震韧性目标的差异性。

(2)基于灾害管理周期理论建立了反映不同阶段韧性目标的农村供水系统地震韧性概念,通过实证分析验证了农村供水系统地震韧性影响因素之间的动态联系,有效地实现了灾害管理周期各阶段的农村供水系统地震韧性目标与韧性影响因素的集成,创新性地构建了能够反映韧性影响因素因果路径关系的农村供水系统韧性影响机制。

(3)农村供水系统地震韧性评价是一个复杂的动态过程,涉及多阶段多维度因素信息的获取,基于构建农村供水系统地震韧性影响机制这一目标,本研究清晰地界定了灾害管理周期下各阶段韧性状态评价的目标和顺序:备灾阶段的吸收能力→应急响应阶段的适应能力→灾后恢复阶段的恢复能力。

(4)建立不完全信息下多阶段农村供水系统地震韧性的量化评价模型。由于灾害情境下不可避免地存在信息缺失问题以及多维因素之间复杂的动态联系,现有的研究很难有效地量化评价供水系统当前的韧性状态。本研究首先基于构建农村供水系统的韧性影响机制,将农村供水系统地震韧性状态评价分为备灾、应急响应及灾后恢复3个连续阶段,将韧性状态的评价缩小到当前阶段涉及的因素中,大大减少了所需的信息量;其次通过方法比选,基于博弈论的ANP法和熵权法进行组合赋权来获取评价指标的最优权重;再基于不完全信息角度,采用ER法有效处理信息缺失和定性、定量指标的融合问题;最后通过"6·17"长宁地震珙县灾区的三类供水系统验证了评价模型的可行性和实用性。

7.4 研究局限

本研究针对灾害管理周期下农村供水系统地震韧性存在多维度相互关联的影响因素以及因素信息存在不完全甚至完全缺失的特点,对农村供水系统地震韧性主要的影响因素、影响机制和韧性评价方法进行了系统且深入的研究,取得了一定的研究结果,但仍然存在一些研究局限,这些局限主要表现在以下3个方面:

(1)区域局限性。由于研究问题的界定以及数据的可获取性,本研究主要聚焦于四川省农村地区千人以上的供水系统,千人以下的小型农村供水工程及分散型农村供水工程不在讨论范围内。此外,由于韧性存在空间差异,其他国家,尤其是发达国家的农村环境与中国存在显著差异,因此本研究得出的相关理论成果未必适用于发达国家进行农村供水系统的韧性评价,但研究方法对于其他国家农村关键基础设施的韧性评价仍然具有一定的借鉴意义。

(2)数据局限性。由于数据的可获取性,在韧性评价过程中,大多数定量指标以县域值(如农村人均可支配工资等)进行测度,尚未精确到农村供水系统所在的乡镇一级,未来可进一步缩小测度范围,提高韧性评价的精确度。

(3)评价专家权重的确定存在一定误差。本研究为了简化评价流程,3位专家的评估权重被假设为对等。尽管本研究将证据理论用于群决策来确定评估指标的属性值能有效处理专家意见之间存在的冲突问题,但参与韧性评估的专家在经验、能力等方面都可能存在差异性,因此每位专家提出的指标属性值都可能存在一定的差异。

7.5　研究展望

针对前述论及本研究存在的不足,作者将在未来的研究中着重从以下3个方面进行完善:

(1)将农村供水系统地震韧性评价模型的研究方法进一步拓展到其他关键性农村基础设施。除了供水系统、电力、交通等,也是农村居民生活和发展的关键性基础设施,这些设施在应对地震灾害中的表现能力也是农村决策者实现乡村振兴亟待解决的重要课题。

(2)提高定量数据的精确度。针对数据获取的局限性,通过数据挖掘等方式进一步获取乡镇一级的数据或者寻找其他更精确的可替代指标进行评价。

(3)减小专家评估权重的误差。在确定评价指标的属性值时,针对不同专家在经验、知识和地位等方面的差异,除了要考虑各位专家的比例权重,还要考虑各位专家意见可靠性的高低,以进一步提高评价模型的实用性。

附　录

附件1　中英文缩写对照表

中英文缩写对照表

缩略词	英文全称	中文全称
MDGs	Millennium Development Goals	千年发展目标
SDGs	Sustainable Development Goals	可持续发展目标
ANP	Analytic Network Process	网络分析法
FEMA	Federal Emergency Management Agency	美国联邦紧急措施署
UNISDR	United Nations International Strategy for isaster Reduction	联合国国际减灾战略
EFA	Exploratory Factor Analysis	探索性因子分析
CFA	Confirmatory Factor Analysis	验证性因子分析
PCA	Principal Component Analysis	主成分分析
CB-SEM	Covariance-based structural equation modeling	基于协方差的结构方程建模
PLS-SEM	Partial least squares-based structural	最小二乘结构方程模型
AVE	Average Variance Extracted	平均提取方差

缩略词	英文全称	中文全称
RII	Relative Importance Index technology	相对重要性指标技术
D-S	Dempster-Shafer	证据理论
ER	Evidential Reasoning	证据推理

附件2 珙县灾后重建农村供水工程设计用水量

珙县农村饮水项目灾后重建工程设计用水量

序号	乡镇	行政村	组（社）	设计人口/人	总需量 $Q_{需}$/(m³·d⁻¹)
1	珙泉镇	鱼池村	1	85	12.24
2	珙泉镇	鱼池村	3	21	3.02
3	珙泉镇	鱼池村	3	115	16.56
4	珙泉镇	鱼池村	6	42	6.05
5	珙泉镇	鱼池村	6	19	2.74
6	珙泉镇	鱼池村	12	212	30.53
7	珙泉镇	竹家村	1	102	14.69
8	珙泉镇	竹家村	1	42	6.05
9	珙泉镇	竹家村	1	25	3.60
10	珙泉镇	竹家村	2	66	9.50
11	珙泉镇	竹家村	10	30	4.32
12	珙泉镇	金山村	2	106	15.26
13	珙泉镇	金山村	1	53	7.63
14	珙泉镇	金山村	6	48	6.91
15	珙泉镇	金山村	6	45	6.48
16	珙泉镇	坝底村	5	32	4.61
17	珙泉镇	坝底村	9	56	8.06
18	珙泉镇	坝底村	8	24	3.46
19	珙泉镇	坝底村	11	106	15.26

续表

序号	乡镇	行政村	组(社)	设计人口/人	总需量$Q_{需}$/(m³·d⁻¹)
20	珙泉镇	坝底村	7	81	11.66
21	珙泉镇	坝底村	7	48	6.91
22	珙泉镇	中心村	集中居住	276	39.74
23	珙泉镇	洛旺	2	37	5.33
24	珙泉镇	德袜村	1	106	15.26
25	珙泉镇	德袜村	1	329	47.38
26	珙泉镇	张永村	8	80	11.52
27	珙泉镇	杨柳村	5	64	9.22
28	珙泉镇	杨柳村	5	28	4.03
29	珙泉镇	杨柳村	4	53	7.63
30	珙泉镇	杨柳村	4	40	5.76
31	珙泉镇	杨柳村	3	62	8.93
32	珙泉镇	杨柳村	3	64	9.22
33	珙泉镇	杨柳村	1	55	7.92
34	珙泉镇	杨柳村	1	40	5.76
35	珙泉镇	杨柳村	1	32	4.61
36	巡场镇	塘坎村	8	212	30.53
37	巡场镇	兴太村	6	266	38.30
38	巡场镇	原塘坝村	8	74	10.66
39	巡场镇	原塘坝村	6	85	12.24
40	巡场镇	塘坎村	9	149	21.46
41	巡场镇	塘坎村	9	170	24.48
42	巡场镇	塘坎村	2	106	15.26
43	巡场镇	塘坎村	5	53	7.63

续表

序号	乡镇	行政村	组（社）	设计人口/人	总需量 $Q_{需}$/(m³·d⁻¹)
44	巡场镇	塘坎村	6	212	30.53
45	巡场镇	溪尾村	1	181	26.06
46	巡场镇	溪尾村	2	117	16.85
47	巡场镇	原三合村	4	425	61.20
48	巡场镇	原三合村	8	478	68.83
49	巡场镇	箐林村	4	21	3.02
50	底洞镇	楠桥村	1	319	45.94
51	底洞镇	楠桥村	4	212	30.53
52	底洞镇	盐井村	7	96	13.82
53	底洞镇	盐井村	34	266	38.30
54	底洞镇	盐井村	2	168	24.19
55	底洞镇	盐井村	3	85	12.24
56	底洞镇	板力村	7	170	24.48
57	底洞镇	源建村	2	276	39.74
58	底洞镇	源建村	4	106	15.26
59	底洞镇	源建村	1	244	35.14
60	底洞镇	木梯村	6	138	19.87
61	底洞镇	木梯村	4	127	18.29
62	底洞镇	两河村	4	48	6.91
63	底洞镇	两河村	2	64	9.22
64	底洞镇	周家村	12	457	65.81
65	底洞镇	周家村	3	414	59.62
66	底洞镇	周家村	8	223	32.11
67	底洞镇	利民村	3	1275	183.60

续表

序号	乡镇	行政村	组(社)	设计人口/人	总需量 $Q_{需}$/(m³·d⁻¹)
68	底洞镇	利民村	3	106	15.26
69	底洞镇	德利村	1	319	45.94
70	底洞镇	瑞民村	9	53	7.63
71	底洞镇	瑞民村	2	53	7.63
72	底洞镇	水竹村	4	37	5.33
73	底洞镇	大地村	1	102	14.69
74	底洞镇	大地村	3	74	10.66
75	底洞镇	顶古村	2	80	11.52
76	底洞镇	顶古村	5	11	1.58
77	底洞镇	芭蕉村	2	127	18.29
78	底洞镇	芭蕉村	4	42	6.05
79	底洞镇	半河村	1	425	61.20
80	底洞镇	板力村	3	181	26.06
合计				11 471	1 651.824

数据来源:"6·17"长宁地震珙县灾后重建农村饮水安全项目实施方案。

附件3 四川省县域农村居民人均可支配收入情况

2019年四川省分县(市、区)农民人均可支配收入及增幅分类区排位

区	县(市、区)	人均可支配收入		同比增加额		同比增幅	
		数值/元	类区排位	数值/元	类区排位	数值/%	类区排位
高收入组(40个县、市、区)	类区平均	21 666.6	—	1 960.7	—	9.9	—
	龙泉驿区	30 405	1	2 663	1	9.6	35
	青白江区	25 004	6	2 148	10	9.4	40
	新都区	27 237	5	2 409	5	9.7	33
	温江区	30 138	2	2 615	2	9.5	38
	双流区	29 458	3	2 581	3	9.6	35
	金堂县	21 305	15	1 937	16	10	20
	郫都区	28 559	4	2 478	4	9.5	38
	大邑县	23 737	10	2 119	11	9.8	31
	蒲江县	23 788	9	2 162	9	10	20
	新津县	24 345	7	2 233	6	10.1	14
	都江堰市	23 861	8	2 189	7	10.1	14
	彭州市	23 504	12	2 118	12	9.9	26
	邛崃市	22 499	13	2 101	13	10.3	3
	崇州市	23 625	11	2 187	8	10.2	9
	自流井区	18 913	38	1 741	34	10.1	14
	仁和区	19 236	29	1 732	35	9.9	26
	米易县	18 932	37	1 721	37	10	20
	江阳区	20 098	23	1 877	18	10.3	3
	龙马潭区	21 299	16	1 954	15	10.1	14

续表

区	县(市、区)	人均可支配收入		同比增加额		同比增幅	
		数值/元	类区排位	数值/元	类区排位	数值/%	类区排位
高收入组(40个县、市、区)	旌阳区	20 401	17	1 877	17	10.1	14
	广汉市	20 327	18	1 849	19	10	20
	什邡市	20 246	19	1 820	22	9.9	26
	绵竹市	20 213	20	1 817	24	9.9	26
	涪城区	21 685	14	2 016	14	10.3	3
	游仙区	18 933	36	1 760	31	10.3	3
	江油市	18 821	39	1 748	33	10.2	9
	乐山市中区	19 363	27	1 786	29	10.2	9
	夹江县	18 796	40	1 718	38	10.1	14
	峨眉山市	19 266	28	1 793	28	10.3	3
	顺庆区	19 195	30	1 826	21	10.5	2
	东坡区	20 156	22	1 813	25	9.9	26
	彭山区	20 187	21	1 798	26	9.8	31
	洪雅县	18 941	35	1 682	40	9.7	33
	丹棱县	19 770	24	1 797	27	10	20
	青神县	19 399	26	1 707	39	9.6	35
	翠屏区	19 156	31	1 845	20	10.7	1
	通川区	19 110	32	1 778	30	10.3	3
	西昌市	19 656	25	1 818	23	10.2	9
	德昌县	19 052	33	1 726	36	10	20
	会理县	18 994	34	1 753	32	10.2	9
中高收入组(58个县、市、区)	类区平均	16 892.2	—	1 556.3	—	10.1	—
	简阳市	18 009	6	1 711	1	10.5	6
	贡井区	17 798	8	1 619	11	10	43
	大安区	17 059	25	1 537	37	9.9	53

续表

区	县(市、区)	人均可支配收入		同比增加额		同比增幅	
		数值/元	类区排位	数值/元	类区排位	数值/%	类区排位
中高收入组(58个县、市、区)	沿滩区	17 096	23	1 580	23	10.2	23
	荣县	17 158	18	1 598	18	10.3	14
	富顺县	17 241	14	1 577	24	10.1	34
	盐边县	17 046	26	1 536	38	9.9	53
	纳溪区	18 241	4	1 688	3	10.2	23
	泸县	18 237	5	1 658	6	10	43
	合江县	17 441	13	1 600	17	10.1	34
	罗江区	16 332	41	1 525	41	10.3	14
	三台县	17 152	19	1 559	33	10	43
	盐亭县	16 919	31	1 544	35	10	43
	安州区	18 552	1	1 687	4	10	43
	梓潼县	17 076	24	1 567	27	10.1	34
	船山区	16 858	33	1 544	36	10.1	34
	安居区	15 940	56	1 473	56	10.2	23
	蓬溪县	15 917	57	1 496	47	10.4	8
	射洪市	17 099	22	1 566	29	10.1	34
	大英县	16 165	48	1 508	45	10.3	14
	内江市中区	16 881	32	1 561	32	10.2	23
	东兴区	16 254	44	1 515	43	10.3	14
	威远县	17 003	29	1 566	30	10.1	34
	资中县	16 165	49	1 527	40	10.4	8
	隆昌市	16 524	37	1 574	25	10.5	6
	沙湾区	16 193	46	1 467	57	10	43
	五通桥区	16 303	43	1 490	49	10.1	34
	犍为县	16 245	45	1 512	44	10.3	14

续表

区	县（市、区）	人均可支配收入		同比增加额		同比增幅	
		数值/元	类区排位	数值/元	类区排位	数值/%	类区排位
中高收入组（58个县、市、区）	井研县	16 133	52	1 475	55	10.1	34
	南部县	16 517	38	1 609	13	10.8	1
	蓬安县	16 778	34	1 626	10	10.7	2
	阆中市	16 306	42	1 567	28	10.6	4
	仁寿县	16 413	40	1 476	53	9.9	53
	叙州区	17 138	20	1 608	14	10.4	8
	南溪区	17 215	15	1 601	16	10.3	14
	江安县	17 001	30	1 596	19	10.4	8
	长宁县	17 470	11	1 627	8	10.3	14
	高 县	17 045	27	1 642	7	10.7	2
	珙 县	17 106	21	1 606	15	10.4	8
	筠连县	17 030	28	1 626	9	10.6	4
	广安区	16 005	54	1 475	54	10.2	33
	前锋区	16 481	39	1 478	51	9.9	57
	岳池县	16 585	36	1 529	39	10.2	23
	武胜县	16 637	35	1 547	34	10.3	14
	邻水县	16 167	47	1 517	42	10.4	8
	华蓥市	17 543	9	1 588	21	10	43
	达川区	17 178	17	1 590	20	10.2	23
	开江县	15 978	55	1 477	52	10.2	23
	大竹县	18 529	2	1 709	2	10.2	23
	渠 县	16 152	50	1 495	48	10.2	23
	雨城区	16 121	53	1 504	46	10.3	14
	名山区	15 703	58	1 431	58	10	43
	雁江区	17 881	7	1 616	12	9.9	53

续表

区	县(市、区)	人均可支配收入		同比增加额		同比增幅	
		数值/元	类区排位	数值/元	类区排位	数值/%	类区排位
中高收入组(58个县、市、区)	安岳县	17 475	10	1 563	31	9.8	58
	乐至县	17 464	12	1 588	22	10	43
	会东县	18 437	3	1 673	5	10	43
	宁南县	17 186	16	1 572	26	10.1	34
	冕宁县	16 136	51	1 488	50	10.2	23
中低收入组(41个县、市、区)	类区平均	14 223.6	—	1 356.1	—	10.5	—
	叙永县	13 243	37	1 280	32	10.7	12
	古蔺县	14 034	26	1 340	26	10.6	17
	中江县	15 611	4	1 436	8	10.1	38
	北川县	14 485	15	1 424	10	10.9	3
	平武县	13 838	28	1 360	18	10.9	3
	利州区	13 558	29	1 328	27	10.9	3
	旺苍县	13 179	40	1 270	35	10.7	12
	苍溪县	13 300	36	1 294	31	10.8	6
	金口河区	15 734	1	1 490	3	10.5	21
	沐川县	15 717	2	1 462	4	10.3	29
	高坪区	14 495	14	1 367	16	10.4	26
	营山县	14 945	7	1 448	5	10.7	12
	仪陇县	13 237	38	1 272	34	10.6	17
	西充县	13 400	33	1 307	30	10.8	6
	兴文县	15 692	3	1 524	1	10.8	6
	屏山县	14 265	17	1 409	12	11	1
	荥经县	15 341	6	1 432	9	10.3	29
	汉源县	13 512	30	1 273	33	10.4	26
	石棉县	13 938	27	1 323	28	10.5	21

续表

区	县(市、区)	人均可支配收入		同比增加额		同比增幅	
		数值/元	类区排位	数值/元	类区排位	数值/%	类区排位
中低收入组(41个县、市、区)	天全县	13 384	34	1 240	39	10.2	35
	芦山县	13 511	31	1 251	38	10.2	35
	宝兴县	14 845	10	1 350	23	10	41
	巴州区	13 317	35	1 255	37	10.4	26
	恩阳区	13 499	32	1 261	36	10.3	29
	南江县	13 205	39	1 207	41	10.1	38
	平昌县	13 170	41	1 225	40	10.3	29
	汶川县	14 847	9	1 410	11	10.5	21
	理 县	14 164	24	1 323	29	10.3	29
	茂 县	14 392	16	1 342	25	10.3	29
	松潘县	14 260	18	1 365	17	10.6	17
	九寨沟县	14 254	19	1 388	13	10.8	6
	金川县	14 188	20	1 353	20	10.5	21
	小金县	14 165	22	1 359	19	10.6	17
	黑水县	14 038	25	1 352	21	10.7	12
	马尔康市	14 867	8	1 376	14	10.2	35
	阿坝县	14 164	23	1 373	15	10.7	12
	若尔盖县	14 165	21	1 349	24	10.5	21
	红原县	14 713	12	1 350	22	10.1	38
	康定县	14 773	11	1 444	6	10.8	6
	丹巴县	14 513	13	1 438	7	11	1
	九龙县	15 414	5	1 505	2	10.8	6
低收入组	类区平均	11 845.5	—	1 177.8	—	11	—
	昭化区	12 935	5	1 258.75	8	10.8	23
	朝天区	12 882	9	1 261.85	7	10.9	19

续表

区	县(市、区)	人均可支配收入		同比增加额		同比增幅	
		数值/元	类区排位	数值/元	类区排位	数值/%	类区排位
低收入组	青川县	12 891	8	1 254.42	9	10.8	23
	剑阁县	12 919	6	1 235.76	12	10.6	31
	峨边县	12 367	18	1 275.51	5	11.5	11
	马边县	12 671	11	1 292.62	4	11.4	13
	嘉陵区	12 905	7	1 250.47	11	10.7	27
	宣汉县	12 544	14	1 202.25	17	10.6	31
	万源市	12 229	20	1 167.99	26	10.6	31
	通江县	13 127	4	1 221.13	15	10.3	37
	壤塘县	12 791	10	1 267.93	6	11	16
	泸定县	13 561	1	1 310.83	2	10.7	27
	雅江县	12 626	12	1 251.18	10	11	16
	道孚县	12 069	22	1 166.53	27	10.7	27
	炉霍县	11 727	27	1 127.68	31	10.6	31
	甘孜县	12 461	16	1 194.3	20	10.6	31
	新龙县	12 077	21	1 186.98	21	10.9	19
	德格县	11 965	23	1 185.76	22	11	16
	白玉县	12 623	13	1 230.37	13	10.8	23
	石渠县	11 810	26	1 179.94	23	11.1	15
	色达县	11 886	25	1 197.23	19	11.2	14
	理塘县	11 918	24	1 171.39	25	10.9	19
	巴塘县	12 519	15	1 220.29	16	10.8	23
	乡城县	12 414	17	1 199.92	18	10.7	27
	稻城县	13 172	3	1 294.61	3	10.9	19
	得荣县	12 253	19	1 176.29	24	10.6	31
	木里县	11 078	29	1 147.88	28	11.6	9

续表

区	县(市、区)	人均可支配收入		同比增加额		同比增幅	
		数值/元	类区排位	数值/元	类区排位	数值/%	类区排位
低收入组	盐源县	13 472	2	1 417.55	1	11.8	5
	普格县	11 417	28	1 223.2	14	12	1
	布拖县	9 746	33	1 011.47	36	11.6	9
	金阳县	9 745	34	1 028.57	35	11.8	5
	昭觉县	10 195	32	1 065.4	32	11.7	7
	喜德县	9 736	35	1 032.21	33	11.9	3
	越西县	10 764	31	1 142.08	29	11.9	3
	甘洛县	9 636	36	1 029.38	34	12	1
	美姑县	9 491	37	977.35	37	11.5	11
	雷波县	10 885	30	1 139.25	30	11.7	7

数据来源：四川省农业厅官网。

附件4 四川省县域地震历史统计

2016年9月30日—2021年9月30日四川省各县地震历史情况统计

No.	县	3~3.9级	4~4.9级	5~5.9级	6~6.9级	7级以上	总计
1	金堂县	0	0	0	0	0	0
2	大邑县	1	0	0	0	0	1
3	蒲江县	0	0	0	0	0	0
4	新津县	0	0	0	0	0	0
5	米易县	0	0	0	0	0	0
6	夹江县	0	0	0	0	0	0
7	洪雅县	0	0	0	0	0	0
8	丹棱县	0	0	0	0	0	0
9	青神县	0	0	0	0	0	0
10	德昌县	0	0	0	0	0	0
11	会理县	1	0	0	0	0	1
12	荣县	19	5	1	0	0	25
13	富顺县	0	1	0	0	0	1
14	盐边县	0	0	0	0	0	0
15	泸县	5	1	0	1	0	7
16	合江县	0	0	0	0	0	0
17	三台县	0	0	0	0	0	0
18	盐亭县	0	0	0	0	0	0
19	梓潼县	0	0	0	0	0	0
20	蓬溪县	0	0	0	0	0	0
21	大英县	0	0	0	0	0	0
22	威远县	19	2	1	0	0	22
23	资中县	4	0	1	0	0	5

No.	县	3~3.9级	4~4.9级	5~5.9级	6~6.9级	7级以上	总计
24	犍为县	1	1	0	0	0	2
25	井研县	0	0	0	0	0	0
26	南部县	0	0	0	0	0	0
27	蓬安县	0	0	0	0	0	0
28	仁寿县	0	0	0	0	0	0
29	江安县	1	0	0	0	0	1
30	长宁县	41	9	1	1	0	52
31	高县	0	0	0	0	0	0
32	珙县	70	8	4	0	0	82
33	筠连县	13	2	0	0	0	15
34	岳池县	0	0	0	0	0	0
35	武胜县	0	0	0	0	0	0
36	邻水县	0	0	0	0	0	0
37	开江县	0	0	0	0	0	0
38	大竹县	0	0	0	0	0	0
39	渠县	10	3	1	0	0	14
40	安岳县	0	0	0	0	0	0
41	乐至县	0	0	0	0	0	0
42	会东县	4	0	0	0	0	4
43	宁南县	2	0	0	0	0	2
44	冕宁县	1	0	0	0	0	1
45	叙永县	1	0	0	0	0	1
46	古蔺县	0	0	0	0	0	0
47	中江县	0	0	0	0	0	0
48	北川县	0	0	0	0	0	0
49	平武县	10	1	0	0	0	11
50	旺苍县	0	0	0	0	0	0
51	苍溪县	0	0	0	0	0	0

续表

No.	县	3~3.9级	4~4.9级	5~5.9级	6~6.9级	7级以上	总计
52	沐川县	0	0	0	0	0	0
53	营山县	0	0	0	0	0	0
54	仪陇县	0	0	0	0	0	0
55	西充县	0	0	0	0	0	0
56	兴文县	13	2	1	0	0	16
57	屏山县	1	0	0	0	0	1
58	荥经县	0	0	0	0	0	0
59	汉源县	0	0	0	0	0	0
60	石棉县	5	2	0	0	0	7
61	天全县	0	0	0	0	0	0
62	芦山县	0	1	0	0	0	1
63	宝兴县	0	0	0	0	0	0
64	南江县	0	0	0	0	0	0
65	平昌县	0	0	0	0	0	0
66	汶川县	4	2	0	0	0	6
67	理 县	7	1	0	0	0	8
68	茂 县	4	0	0	0	0	4
69	松潘县	1	0	0	0	0	1
70	九寨沟县	41	5	0	0	1	47
71	金川县	0	0	0	0	0	0
72	小金县	0	0	0	0	0	0
73	黑水县	3	0	0	0	0	3
74	阿坝县	4	0	0	0	0	4
75	若尔盖县	1	1	0	0	0	2
76	红原县	0	0	0	0	0	0
77	康定县	1	0	0	0	0	1
78	丹巴县	0	0	0	0	0	0
79	九龙县	0	0	0	0	0	0

No.	县	3~3.9级	4~4.9级	5~5.9级	6~6.9级	7级以上	总计
80	青川县	15	2	1	0	0	18
81	剑阁县	0	0	0	0	0	0
82	峨边县	0	0	0	0	0	0
83	马边县	0	0	0	0	0	0
84	宣汉县	0	0	0	0	0	0
85	通江县	0	0	0	0	0	0
86	壤塘县	0	0	0	0	0	0
87	泸定县	2	0	0	0	0	2
88	雅江县	1	0	0	0	0	1
89	道孚县	2	1	0	0	0	3
90	炉霍县	2	0	0	0	0	2
91	甘孜县	0	0	0	0	0	0
92	新龙县	2	0	0	0	0	2
93	德格县	0	0	0	0	0	0
94	白玉县	4	0	0	0	0	4
95	石渠县	10	3	1	0	0	14
96	色达县	0	0	0	0	0	0
97	理塘县	4	0	0	0	0	4
98	巴塘县	0	0	0	0	0	0
99	乡城县	0	0	0	0	0	0
100	稻城县	0	0	0	0	0	0
101	得荣县	2	0	0	0	0	2
102	木里县	0	0	0	0	0	0
103	盐源县	6	0	0	0	0	6
104	普格县	0	0	0	0	0	0
105	布拖县	0	0	0	0	0	0
106	金阳县	1	0	0	0	0	1
107	昭觉县	3	0	0	0	0	3

续表

No.	县	3~3.9级	4~4.9级	5~5.9级	6~6.9级	7级以上	总计
108	喜德县	0	0	0	0	0	0
109	越西县	1	0	0	0	0	1
110	甘洛县	0	0	0	0	0	0
111	美姑县	0	0	0	0	0	0
112	雷波县	2	0	0	0	0	2

数据来源：中国地震台网。

参考文献

［1］BAIN R E S，WRIGHT J A，CHRISTENSON E，et al. Rural：Urban inequalities in post 2015 targets and indicators for drinking-water［J］. The Science of the Total Environment，2014，490：509-513.

［2］MOLINOS-SENANTE M，MUÑOZ S，CHAMORRO A. Assessing the quality of service for drinking water supplies in rural settings：A synthetic index approach ［J］. Journal of Environmental Management，2019，247：613-623.

［3］WHO-UNICEF. Progress on Drinking Water，Sanitation and Hygiene：2017 Update and SDG Baselines［R/OL］.（2017-07-12）［2024-03-01］. https://data. unicef.org/resources/progress-drinking-water-sanitation-hygiene-2017-update-sdg-baselines/.

［4］2019年农村水利水电工作年度报告［R］.中华人民共和国水利部，2020.

［5］住房和城乡建设部.2016年城乡建设统计公报［J］.城乡建设，2017(17)：38-43.

［6］经济日报.水利部：到2019年年底全国农村集中供水率达到86%［EB/OL］.（2019-01-06）［2024-03-01］. http://www.ce.cn/xwzx/gnsz/gdxw/201901/15/t20-190115_31268121.shtml.

［7］MAJURU B，JAGALS P，HUNTER P R. Assessing rural small community water supply in Limpopo，South Africa：Water service benchmarks and reliability［J］. The Science of the Total Environment，2012，435/436：479-486.

［8］PENN H J F，LORING P A，SCHNABEL W E. Diagnosing water security in the rural North with an environmental security framework［J］. Journal of Environmental Management，2017，199：91-98.

［9］CHANG S E，SVEKLA W D，SHINOZUKA M. Linking infrastructure and urban economy：Simulation of water-disruption impacts in earthquakes［J］. Environment and Planning B: Planning and Design, 2002, 29(2)：281-301.

［10］GHOBARAH A, SAATCIOGLU M, NISTOR I. The impact of the 26 December 2004 earthquake and tsunami on structures and infrastructure［J］. Engineering Structures, 2006, 28(2)：312-326.

［11］FULMER J. What in the world is infrastructure?［J］PEI Infrastruct. Investor 2009, 1(4)：30-32.

［12］徐佳.农村供水工程运行状况及发展模式问题研究［D］.天津：天津大学，2016.

［13］闫冠宇，徐佳.我国农村供水发展阶段特征及内在规律［J］.中国农村水利水电，2013(3)：1-4.

［14］陈敏.农村饮水安全供给的制度研究［D］.重庆：西南大学，2020.

［15］李洪兴.我国农村饮水安全保障体系构建的研究［D］.北京：中国疾病预防控制中心，2015.

［16］中国地震台网.中国地震台网历史查询［EB/OL］.(2019-9-30)［2024-03-01］. http://news.ceic.ac.cn/index.html？time=1567762098.

［17］赵成刚，冯启民.生命线地震工程［M］.北京：地震出版社，1994.

［18］李高明，铁柏清，李杰峰，等.地震灾害对农村生态系统的影响及防御对策［J］.农业环境与发展，2008, 25(4)：24-25.

［19］仲志余，胡维忠，徐学军，等.青海玉树地震灾后恢复重建水利规划简述［J］.人民长江，2010, 41(14)：12-14.

［20］新华社.艰难的任务：芦山震区百姓用上干净水了吗？［EB/OL］. (2008-05-26)［2024-03-01］. http://slt.hebei.gov.cn/a/2013/04/27/13670424-28525.htm.

［21］云南日报.地震造成全国２３８０座水库出险［EB/OL］.(2008-05-26)［2024-03-01］. http://news.sina.com.cn/c/2008-05-26/102413927081s.shtml.

［22］CHUNG R, BALLANTYNE D, COMEAU E, et al. 1995 Hyogoken-Nanbu (Kobe)Earthquake：Performance of Structures, Lifelines, and Fire Protection

Systems（NIST SP 901）[J]. Special Publication（NIST SP），National Institute of Standards and Technology，Gaithersburg，MD，1996. January 17.

[23] PIARROUX R，BARRAIS R，FAUCHER B，et al. Understanding the cholera epidemic，Haiti[J]. Emerging Infectious Diseases，2011，17(7)：1161-1168.

[24] https://www. un. org/sustainabledevelopment/zh/sustainable-development-goals/.

[25] RENN O. White paper no. 1 [Z]. Risk Governance，International Risk Governance Council，Geneva，2005.

[26] UN（Departament of Economic and Social Affairs of the United Nations），Indicators of Sustainability Development：Guidelines and Methodologies[M]. 3th ed. United Nations Publications，New York，2007.

[27] QUITANA G，MOLINOS-SENANTE M，CHAMORRO A. Resilience of critical infrastructure to natural hazards：A review focused on drinking water systems [J]. International Journal of Disaster Risk Reduction，2020，48：101575.

[28] 王瑛，史培军，王静爱，等. 地震灾害对中国农村居民的影响研究：以云南省大姚县为例[J]. 自然灾害学报，2005，14(6)：110-115.

[29] BALAEI B，WILKINSON S，POTANGAROA R，et al. Developing a framework for measuring water supply resilience[J]. Natural Hazards Review，2018，19(4)：04018013.

[30] ASLAM SAJA A M，GOONETILLEKE A，TEO M，et al. A critical review of social resilience assessment frameworks in disaster management [J]. International Journal of Disaster Risk Reduction，2019，35：101096.

[31] ASLAM SAJA A M，TEO M，GOONETILLEKE A，et al. A critical review of social resilience properties and pathways in disaster management [J]. International Journal of Disaster Risk Science，2021，12(6)：790-804.

[32] CUTTER S L，BURTON C G，EMRICH C T. Disaster resilience indicators for benchmarking baseline conditions [J]. Journal of Homeland Security and

Emergency Management, 2010, 7(1): 1271-1283.

[33] LAITINEN J, KALLIO J, KATKO T S, et al. Resilient urban water services for the 21th century society—Stakeholder survey in Finland[J]. Water, 2020, 12(1): 187.

[34] BRUNEAU M, CHANG S E, EGUCHI R T, et al. A framework to quantitatively assess and enhance the seismic resilience of communities [J]. Earthquake Spectra, 2003, 19(4): 733-752.

[35] RUS K, KILAR V, KOREN D. Resilience assessment of complex urban systems to natural disasters: A new literature review[J]. International Journal of Disaster Risk Reduction, 2018, 31: 311-330.

[36] SWEYA L N, WILKINSON S, KASSENGA G, et al. Developing a tool to measure the organizational resilience of Tanzania's water supply systems [J]. Global Business and Organizational Excellence, 2020, 39(2): 6-19.

[37] NAN C, SANSAVINI G. A quantitative method for assessing resilience of interdependent infrastructures [J]. Reliability Engineering & System Safety, 2017, 157: 35-53.

[38] ORAEE M, HOSSEINI M R, PAPADONIKOLAKI E, et al. Collaboration in BIM-based construction networks: A bibliometric-qualitative literature review [J]. International Journal of Project Management, 2017, 35(7): 1288-1301.

[39] HARDEN A, THOMAS J. Mixed methods and systematic reviews: Examples and emerging issues [M]//SAGE Handbook of Mixed Methods in Social & Behavioral\n Research. 2455 Teller Road, Thousand Oaks California 91320 United States: SAGE Publications, Inc., 2010: 749-774.

[40] SHIN S, LEE S, JUDI D, et al. A systematic review of quantitative resilience measures for water infrastructure systems[J]. Water, 2018,10(2): 164.

[41] WILSON G, WILSON T M, DELIGNE N I, et al. Volcanic hazard impacts to critical infrastructure: A review [J]. Journal of Volcanology and Geothermal Research, 2014, 286: 148-182.

［42］SHARIFI A. A critical review of selected tools for assessing community resilience［J］. Ecological Indicators, 2016, 69: 629-647.

［43］SHUANG Q, LIU H J, PORSE E. Review of the quantitative resilience methods in water distribution networks［J］. Water, 2019, 11(6):1189.

［44］LIU W, SONG Z Y. Review of studies on the resilience of urban critical infrastructure networks［J］. Reliability Engineering & System Safety, 2020, 193: 106617.

［45］HOSSEINI S, BARKER K, RAMIREZ-MARQUEZ J E. A review of definitions and measures of system resilience［J］. Reliability Engineering & System Safety, 2016, 145: 47-61.

［46］STIEFEL B A. Review of critical path: A brief history of critical infrastructure protection in the United States［J］. Journal of Homeland Security and Emergency Management, 2009, 6(1).

［47］CERÈ G, REZGUI Y, ZHAO W Q. Critical review of existing built environment resilience frameworks: Directions for future research［J］. International Journal of Disaster Risk Reduction, 2017, 25: 173-189.

［48］SEKARAN U., BOUGIE R. Research methods for business: A skill building approach［M］. Oxford: John Wiley & Sons, 2016.

［49］KVALE S. Ten standard Objections to Qualitative Research Interviews［J］. Journal of Phenomenological Psychology, 1994, 25(2): 147-173.

［50］BALAEI B, WILKINSON S, POTANGAROA R, et al. Social factors affecting water supply resilience to disasters［J］. International Journal of Disaster Risk Reduction, 2019, 37: 101187.

［51］DORUSSEN H, LENZ H, BLAVOUKOS S. Assessing the reliability and validity of expert interviews［J］. European Union Politics, 2005, 6 (3): 315-337.

［52］FELLOWS R, AMM L. Research methods for construction［M］. Oxford: John Wiley & Sons, 2015.

[53] SHRESTHA A, CHAN T K, AIBINU A A, et al. Risks in PPP water projects in China: Perspective of local governments [J]. Journal of Construction Engineering and Management, 2017, 143(7): 1-12.

[54] YIN R K. Case study research and applications: design and methods[M]. 6th ed.Sage Publications, 2018.

[55] RONALD C, BLAIR J. Designing Surveys[M]. 2th ed. Thousand Oaks, CA: Pine Forge Press, SAGE Research Methods, 2005.

[56] AKADIRI O P. Development of a multi-criteria approach for the selection of sustainable materials for building projects[M]. Engineering, 2011.

[57] MCQUEEN R A, KNUSSEN C. Research methods for social science: A practical introduction[M]. Pearson Education, 2002.

[58] MOJTAHEDI M, OO B L. The impact of stakeholder attributes on performance of disaster recovery projects: The case of transport infrastructure [J]. International Journal of Project Management, 2017, 35(5): 841-852.

[59] CRESWELL J W. Research design: qualitative, quantitative, and mixed methods approaches [M].4th ed. Thousand Oaks, CA: Sage, 2014.

[60] WRIGHT K B. Researching internet-based populations: Advantages and disadvantages of online survey research, online questionnaire authoring software packages, and web survey services [J]. Journal of Computer-Mediated Communication, 2006, 10(3).

[61] HATCHER L. A step-by step approach to using the sas system for factor analysis and structural equation moding[C]. Cary: SAS Institute Inc, 1994: 249-340.

[62] EAVES R C, Jr WILLIAMS T O. Exploratory and confirmatory factor analyses of the pervasive developmental disorders rating scale for young children with autistic disorder [J]. The Journal of Genetic Psychology, 2006, 167 (1): 65-92.

[63] 张超, 徐燕, 陈平雁. 探索性因子分析与验证性因子分析在量表研究中的比较与应用[J]. 南方医科大学学报, 2007, 27(11): 1699-1700.

［64］BOOS D D, STEFANSKI L A. Essential statistical inference：theory and methods［M］. New York：Springer, 2013.

［65］HAIR J F, RINGLE C M, SARSTEDT M. Partial least squares：The better approach to structural equation modeling?［J］. Long Range Planning, 2012, 45 (5/6)：312-319.

［66］CHIN W W. The partial least squares approach to structural equation modelling ［J］. Modern Methods for Business Research. 1998, 295(2)：295-336.

［67］MORGAN M G, HENRION M, SMALL M J. Uncertainty：A Guide to Dealing with Uncertainty in Quantitative Risk and Policy Analysis［M］. 1st Paperback ed. Cambridge：Cambridge University Press, 1990.

［68］周志杰, 唐帅文, 胡昌华, 等. 证据推理理论及其应用［J］. 自动化学报, 2021, 47(5)：970-984.

［69］MARSHALL C, ROSSMAN G B. Designing Qualitative Research［M］. 4th ed. Sage Publications, 2014.

［70］金书淼. 城市供水系统地震灾害风险及恢复力研究［D］. 哈尔滨：哈尔滨工业大学, 2014.

［71］包烽余. 中国水务PPP项目移交管理研究［D］. 成都：四川大学, 2018.

［72］BEVILACQUA M, CIARAPICA F E, PACIAROTTI C. Business Process Reengineering of emergency management procedures：A case study［J］. Safety Science, 2012, 50(5)：1368-1376.

［73］STAKE R E. The art of case study research［M］. Thousand Oaks, CA：Sage, 1995.

［74］李倩. 供水系统地震韧性评价框架体系研究［D］. 哈尔滨：中国地震局工程力学研究所, 2020.

［75］DYER J G, MCGUINNESS T M. Resilience：Analysis of the concept［J］. Archives of Psychiatric Nursing, 1996, 10(5)：276-282.

［76］HOLLING C S. Resilience and stability of ecological systems［J］. Annual Review of Ecology and Systematics, 1973, 4：1-23.

[77] WALKER B, HOLLING C S, CARPENTER S R, et al. Resilience, adaptability and transformability in social-ecological systems[J]. Ecology and Society, 2004, 9(2): 5.

[78] ROSE A. Economic resilience to natural and man-made disasters: Multidisciplinary origins and contextual dimensions [J]. Environmental Hazards, 2007, 7(4): 383-398.

[79] MCMANUS S, SEVILLE E, VARGO J, et al. Facilitated process for improving organizational resilience[J]. Natural Hazards Review, 2008, 9(2): 81-90.

[80] United Nations Office for Disaster Risk Reduction (UNISDR). Hyogo Framework for Action 2005—2015: Building the Resilience of Nations and Communities to Disasters[R]. Kobe, Hyogo, Japan, 2005.

[81] CUTTER S L, AHEARN J A, AMADEI B, et al. Disaster resilience: A national imperative [J]. Environment: Science and Policy for Sustainable Development, 2013, 55(2): 25-29.

[82] 汪辉, 徐蕴雪, 卢思琪, 等. 恢复力、弹性或韧性? —社会—生态系统及其相关研究领域中"Resilience"一词翻译之辨析[J]. 国际城市规划. 2017, 32(4): 29-39.

[83] SAMUELSON P A. The pure theory of public expenditure[J]. The Review of Economics and Statistics, 1954, 36(4): 387.

[84] SAMUELSON P A. Diagrammatic exposition of a theory of public expenditure [M]// Essential Readings in Economics. London: Palgrave, 1995: 159-171.

[85] MUSGRAVE R A, MUSGRAVE P B. Public finance in theory and practice [M]. 3d ed. New York: McGraw-Hill, 1980.

[86] BARZEL Y. Economic Analysis of Property Rights [M]. Cambridge, UK: Cambridge University Press, 1997.

[87] 保罗·萨缪尔森, 威廉·诺德豪斯. 经济学[M]. 萧琛, 译. 北京: 人民邮电出版社, 2004.

[88] BUCHANAN J M. An economic theory of clubs[J]. Economica, 1965, 32 (125): 1.

[89] 张馨. 公共财政论纲[M]. 北京: 经济科学出版社, 1999.

[90] 卢洪友. 公共品生产的市场化与制度创新[J]. 中央财经大学学报, 2002 (4): 22-26.

[91] 刘佳丽, 谢地. 西方公共产品理论回顾、反思与前瞻: 兼论我国公共产品民营化与政府监管改革[J]. 河北经贸大学学报, 2015, 36(5): 11-17.

[92] 毛紫君. 公共物品有效供给的经济学分析与对策研究[J]. 技术经济与管理研究, 2021(4): 68-71.

[93] PHILLIPS R, FREEMAN R E, WICKS A C. What stakeholder theory is not [J]. Business Ethics Quarterly, 2003, 13(4): 479-502.

[94] DONALDSON T, PRESTON L E. The stakeholder theory of the corporation: Concepts, evidence, and implications[J]. Academy of Management Review, 1995, 20(1): 65-91.

[95] SAVAGE G T, NIX T W, WHITEHEAD C J, et al. Strategies for assessing and managing organizational stakeholders [J]. Academy of Management Perspectives, 1991, 5(2): 61-75.

[96] FREEMAN R E E. Strategic Management: A stakeholder approach [M]. Cambridge: Cambridge University Press, 2015.

[97] MITCHELL R K, AGLE B R, WOOD D J. Toward a theory of stakeholder identification and salience: Defining the principle of who and what really counts[J]. The Academy of Management Review, 1997, 22(4): 853.

[98] GITANJALI PONNAPPA PHD. Project stakeholder management[J]. Project Management Journal, 2014, 45(2): e3.

[99] NEWCOMBE R. Empowering the construction project team[J]. International Journal of Project Management, 1996, 14(2): 75-80.

[100] AMARATUNGA D, HAIGH R. Post-disaster reconstruction of the built environment: rebuilding for resilience [M]. Chichester: Wiley-Blackwell,

2011.

[101] BRILLY M, POLIC M. Public perception of flood risks, flood forecasting and mitigation [J]. Natural Hazards and Earth System Sciences, 2005, 5 (3): 345-355.

[102] MOSTAFAVI A, GANAPATI N E, NAZARNIA H, et al. Adaptive capacity under chronic stressors: Assessment of water infrastructure resilience in 2015 Nepalese earthquake using a system approach [J]. Natural Hazards Review, 2018, 19(1).

[103] TAEBY M, ZHANG L. Exploring stakeholder views on disaster resilience practices of residential communities in south Florida [J]. Natural Hazards Review, 2019, 20(1):04018028.1-04018028.18.

[104] http://www.fema.gov/about/what.shtm.

[105] MURAO O. Case study of architecture and urban design on the disaster life cycle in japan [C]. The 14th World Conference on Earthquake Engineering October, 2008.

[106] HARRISON C G, WILLIAMS P R. A systems approach to natural disaster resilience[J]. Simulation Modelling Practice and Theory, 2016, 65: 11-31.

[107] UK Environmental Agency. Managing Flood and Coastal Erosion [R]. UK Environmental Agency, 2014.

[108] The Guardian. UK Properties to be Sacrificed to Rising Seas [N]. The Guardian, 2014.

[109] CARTER W. Nick. Disaster Management: A Disaster Manager's Handbook [M]. Asian Development Bank, 2008.

[110] ALEXANDER D E. L'Aquila, central Italy, and the "disaster cycle", 2009—2017 [J]. Disaster Prevention and Management, 2019, 28 (4): 419-433.

[111] 崔忠波, 陈得发. 经济危机与营销模式选择: 直销模式与经济危机互动关系的博弈分析及实证检验[C]// 第五届(2010)中国管理学年会——市

场营销分会场论文集.大连,2010:88—122.

[112] 崔铁军,李莎莎.系统故障影响因素的主客观综合权重确定方法研究[J].应用科技,2022,49(2):127-132.

[113] 薛亮,赵胜川.基于PSR模型及博弈组合赋权的城市轨道交通运营水平评价研究[J].铁道运输与经济,2021,43(5):123-129.

[114] 向泉,罗金耀,李小平,等.基于博弈论法确定小农水项目绩效评价指标的权重[J].中国农村水利水电,2016(6):146-149.

[115] 费良军,王光社,孙洁,等.基于博弈论法确定灌区运行状况综合评价指标的权重[J].排灌机械工程学报,2014,32(9):808-813.

[116] 黄耀偤,许拴梅,姜苗苗,等.基于博弈论组合赋权的航道水域通航安全评价[J].安全与环境学报,2021,21(6):2430-2437.

[117] BRISTOW D N, BRISTOW M. Recovery planning for resilience in integrated disaster risk management [C]//2017 IEEE International Conference on Systems, Man, and Cybernetics (SMC). Banff, AB, Canada. IEEE, 2017: 2643-2648.

[118] MACHAC J, HARTMANN T, JILKOVA J. Negotiating land for flood risk management: Upstream-downstream in the light of economic game theory[J]. Journal of Flood Risk Management, 2018, 11(1): 66-75.

[119] DEMING W E, VON NEUMANN J, MORGENSTERN O. Theory of games and economic behavior[J]. Journal of the American Statistical Association, 1945, 40(230): 263.

[120] 成盛超,谢如贤,吴健中.效用理论的历史与现状[J].系统工程理论与实践,1994,14(12):6.

[121] 彭张林.综合评价过程中的相关问题及方法研究[D].合肥:合肥工业大学,2015.

[122] 张小林.乡村概念辨析[J].地理学报,1998,53(4):365-371.

[123] 胡晓亮,李红波,张小林,等.乡村概念再认知[J].地理学报,2020,75(2):398-409.

[124] 中华人民共和国水利部官网.2019年全国水利发展统计公报[EB/OL].
(2021-04-27)[2024-03-01]. http://www.mwr.gov.cn/sj/tjgb/slfztjgb/202104/
t20210427_1516456.html.

[125] 潘丽雯, 徐佳.我国小型集中式和分散式供水工程现状及发展对策[J].
中国农村水利水电, 2014(3): 169-171.

[126] EMDAT. The International Disaster Database [EB/OL]. (2018-02-05)
[2024-03-01]. http://www.emdat.be.

[127] CERÈ G, REZGUI Y, ZHAO W Q. Critical review of existing built
environment resilience frameworks: Directions for future research [J].
International Journal of Disaster Risk Reduction, 2017, 25: 173-189.

[128] Debarati Guha-Sapir, Philippe Hoyois, Pascaline Wallemacq, Regina
Below. Annual Disaster Statistical Review 2016: The Numbers and Trends
[R]. Centre for Research on the Epidemiology of Disasters (CRED),
Brussels, Belgium, 2017.

[129] GHEISI A, FORSYTH M, NASER G. Water distribution systems reliability:
A review of research literature[J]. Journal of Water Resources Planning and
Management, 2016, 142(11): 040160471-0401604713.

[130] SHAFIQUL ISLAM M, SADIQ R, RODRIGUEZ M J, et al. Reliability
assessment for water supply systems under uncertainties[J]. Journal of Water
Resources Planning and Management, 2014, 140(4): 468-479.

[131] FARMANI R, WALTERS G, SAVIC D. Evolutionary multi-objective
optimization of the design and operation of water distribution network: Total
cost vs. reliability vs. water quality[J]. Journal of Hydroinformatics, 2006, 8
(3): 165-179.

[132] KANAKOUDIS V K, TOLIKAS D K. Assessing the performance level of a
water system [J]. Water, Air and Soil Pollution: Focus, 2004, 4 (4):
307-318.

[133] BLACKMORE J M, PLANT R A J. Risk and resilience to enhance

sustainability with application to urban water systems [J]. Journal of Water Resources Planning and Management, 2008, 134(3): 224-233.

[134] LITTLE R G. Controlling cascading failure: Understanding the vulnerabilities of interconnected infrastructures [J]. Journal of Urban Technology, 2002, 9 (1): 109-123.

[135] ASEFA T, CLAYTON J, ADAMS A, et al. Performance evaluation of a water resources system under varying climatic conditions: Reliability, Resilience, Vulnerability and beyond[J]. Journal of Hydrology, 2014, 508: 53-65.

[136] BUTLER D, FARMANI R, FU G, et al. A new approach to urban water management: Safe and sure[J]. Procedia Engineering, 2014, 89: 347-354.

[137] LI Y, LENCE B J. Estimating resilience for water resources systems [J]. Water Resources Research, 2007, 43(7): W07422.1-W07422.11.

[138] ZHUANG B Y, LANSEY K, KANG D. Resilience/availability analysis of municipal water distribution system incorporating adaptive pump operation [J]. Journal of Hydraulic Engineering, 2013, 139(5): 527-537.

[139] CIMELLARO G P, TINEBRA A, RENSCHLER C, et al. New resilience index for urban water distribution networks [J]. Journal of Structural Engineering, 2016, 142(8):C4015014.

[140] LIU W, SONG Z Y, OUYANG M, et al. Recovery-based seismic resilience enhancement strategies of water distribution networks [J]. Reliability Engineering & System Safety, 2020, 203: 107088.

[141] CHANG S E, SHINOZUKA M. Measuring improvements in the disaster resilience of communities[J]. Earthquake Spectra, 2004, 20(3): 739-755.

[142] ZHAO X D, CAI H, CHEN Z L, et al. Assessing urban lifeline systems immediately after seismic disaster based on emergency resilience [J]. Structure and Infrastructure Engineering, 2016, 12(12): 1634-1649.

[143] BOZZA A, ASPRONE D, MANFREDI G. Developing an integrated framework to quantify resilience of urban systems against disasters [J].

Natural Hazards, 2015, 78(3): 1729-1748.

[144] DAVIES T. Developing resilience to naturally triggered disasters [J]. Environment Systems and Decisions, 2015, 35(2): 237-251.

[145] PAGANO A, PLUCHINOTTA I, GIORDANO R, et al. Drinking water supply in resilient cities: Notes from L' Aquila earthquake case study [J]. Sustainable Cities and Society, 2017, 28: 435-449.

[146] MILES S B. Foundations of community disaster resilience: Well-being, identity, services, and capitals [J]. Environmental Hazards, 2015, 14(2): 103-121.

[147] KOULI M, PAPADOPOULOS I, VALLIANATOS F. Preliminary GIS based analysis of seismic risk in water pipeline lifeline system in urban infrastructure of *Chania* (Crete) [C]//SPIE Proceedings, First International Conference on Remote Sensing and Geoinformation of the Environment (RSCy2013). Paphos, Cyprus. SPIE, 2013.

[148] LAUCELLI D, GIUSTOLISI O. Vulnerability assessment of water distribution networks under seismic actions [J]. Journal of Water Resources Planning and Management, 2015, 141(6): 1-13.

[149] MAZUMDER R K, SALMAN A M, LI Y, et al. Seismic functionality and resilience analysis of water distribution systems [J]. Journal of Pipeline Systems Engineering and Practice, 2020, 11(1): 40-45.

[150] SUNGSIK Y, JOO L Y, JO J H. Flow-based seismic resilience assessment of urban water transmission networks [J]. STRUCTURAL ENGINEERING AND MECHANICS, 2021, 79(4): 517-529.

[151] BI X R, WEN R Z, REN Y F, et al. Quantitative evaluation method of seismic resilience for critical projects-case study regarding the urban water supply system [C]//2019 13th Symposium on Piezoelectrcity, Acoustic Waves and Device Applications (SPAWDA). Harbin, China. IEEE, 2019: 1-5.

[152] DUEÑAS-OSORIO L, CRAIG J I, GOODNO B J. Seismic response of

critical interdependent networks [J]. Earthquake Engineering & Structural Dynamics, 2007, 36(2): 285-306.

[153] NAJAFI J, PEIRAVI A, ANVARI-MOGHADDAM A. Enhancing integrated power and water distribution networks seismic resilience leveraging microgrids [J]. Sustainability, 2020, 12(6): 2167.

[154] NAZARNIA H, MOSTAFAVI A, PRADHANANGA N, et al. Assessment of infrastructure resilience in developing Countries: A case study of water infrastructure in the 2015 Nepalese earthquake[J]. Transforming the Future of Infrastructure through Smarter Information: Proceedings of the International Con-ference on Smart Infrastructure and Construction, ICE Publishing, London. 2016: 627-632.

[155] PRIBADI K S, ABDUH M, WIRAHADIKUSUMAH R D, et al. Learning from past earthquake disasters: The need for knowledge management system to enhance infrastructure resilience in Indonesia[J]. International Journal of Disaster Risk Reduction, 2021, 64: 102424.

[166] DIDIER M, BAUMBERGER S, TOBLER R, et al. Seismic resilience of water distribution and cellular communication systems after the 2015 gorkha earthquake[J]. Journal of Structural Engineering, 2018, 144(6): 4018043.

[157] DAVIS C, SCAWTHORN C, COLES R, et al. Fire following Earthquake Risk Assessment: The City of Los Angeles' Efforts toward Water System Seismic Resilience and Sustainability [C]//International Conference on Sustainable Infrastructure 2019. Los Angeles, California. Reston, VA: American Society of Civil Engineers, 2019.

[158] BELLAGAMBA X, BRADLEY B A, WOTHERSPOON L M, et al. A decision-support algorithm for post-earthquake water services recovery and its application to the 22 February 2011 M$_w$6.2 Christchurch earthquake [J]. Earthquake Spectra, 2019, 35(3): 1397-1420.

[159] BALAEI B, WILKINSON S, POTANGAROA R, et al. Investigating the

technical dimension of water supply resilience to disasters [J]. Sustainable Cities and Society, 2020, 56: 102077.

[160] BALAEI B, NOY I, WILKINSON S, et al. Economic factors affecting water supply resilience to disasters[J]. Socio-Economic Planning Sciences, 2021, 76: 100961.

[161] ZHU J, MANANDHAR B, TRUONG J, et al. Assessment of infrastructure resilience in the 2015 gorkha, Nepal, earthquake[J]. Earthquake Spectra, 2017, 33(1_suppl): 147-165.

[162] Winderl T. Disaster resilience measurements: Stocktaking of ongoing efforts in developing systems for measuring resilience [R]. New York: United Nations Development Programme. 2014.

[163] WHITE I, O'HARE P. From rhetoric to reality: Which resilience, why resilience, and whose resilience in spatial planning? [J]. Environment and Planning C: Government and Policy, 2014, 32(5): 934-950.

[164] ASADZADEH A, KÖTTER T, SALEHI P, et al. Operationalizing a concept: The systematic review of composite indicator building for measuring community disaster resilience [J]. International Journal of Disaster Risk Reduction, 2017, 25: 147-162.

[165] MEEROW S, NEWELL J P. Urban resilience for whom, what, when, where, and why?[J]. Urban Geography, 2019, 40(3): 309-329.

[166] MANYENA S B. The concept of resilience revisited[J]. Disasters, 2006, 30 (4): 433-450.

[167] KAHAN J H, ALLEN A C, GEORGE J K. An operational framework for resilience [J]. Journal of Homeland Security and Emergency Management, 2009, 6(1): 51.

[168] LIU D D, CHEN X H, NAKATO T. Resilience assessment of water resources system[J]. Water Resources Management, 2012, 26(13): 3743-3755.

[169] KLISE K A., MURRAY R, WALKER L T N. Systems Measures of Water

Distribution System Resilience [Z]. Sandia National Laboratories (SNL-NM): Albuquerque, NM, USA, 2015.

[170] TABUCCHI T, DAVIDSON R, BRINK S. Simulation of post-earthquake water supply system restoration [J]. Civil Engineering and Environmental Systems, 2010, 27(4): 263-279.

[171] FRANCIS R, BEKERA B. A metric and frameworks for resilience analysis of engineered and infrastructure systems [J]. Reliability Engineering & System Safety, 2014, 121: 90-103.

[172] LABAKA L, HERNANTES J, SARRIEGI J M. Resilience framework for critical infrastructures: An empirical study in a nuclear plant [J]. Reliability Engineering and System Safety, 2015, 141: 92-105.

[173] CHANDLER D, COAFFEE J. The Routledge handbook of international resilience [M]. Abingdon, Oxon; New York, NY: Routledge, 2017.

[174] OUYANG M, DUEÑAS-OSORIO L, MIN X. A three-stage resilience analysis framework for urban infrastructure systems [J]. Structural Safety, 2012, 36/37: 23-31.

[175] TIERNEY K, BRUNEAU M. Conceptualizing and measuring resilience: A key to disaster loss reduction [J]. TR News, 2007(250): 14-17.

[176] AYYUB B M. Systems resilience for multihazard environments: Definition, metrics, and valuation for decision making [J]. Risk Analysis: an Official Publication of the Society for Risk Analysis, 2014, 34(2): 340-355.

[177] DIDIER M, BROCCARDO M, ESPOSITO S, et al. A compositional demand/supply framework to quantify the resilience of civil infrastructure systems (Re-CoDeS) [J]. Sustainable and Resilient Infrastructure, 2018, 3 (2): 86-102.

[178] DIDIER M, BROCCARDO M, ESPOSITO S, STOJADINOVIC B. Assessment of post-disaster community infrastructure services demand using Bayesian networks [J]. Proc., 16th World Conf. on Earthquake Engineering,

International Association for Earthquake Engineering, Tokyo, 2017.

[179] DIDIER M, ESPOSITO S, STOJADINOVIC B. Probabilistic Seismic Resilience Analysis of an Electric Power Supply System using the Re-CoDeS Resilience Quantification Framework [J]. Proc., 12th Int.Conf. on Structural Safety & Reliability, TU-Verlag, Vienna, Austria, 2017.

[180] CUTTER S L, BARNES L, BERRY M, et al. A place-based model for understanding community resilience to natural disasters [J]. Global Environmental Change, 2008, 18(4): 598-606.

[181] SHIM J, KIM C I. Measuring resilience to natural hazards: Towards sustainable hazard mitigation [J]. Sustainability, 2015, 7 (10) : 14153-14185.

[182] MAVHURA E, MANYANGADZE T, ARYAL K R. A composite inherent resilience index for Zimbabwe: An adaptation of the disaster resilience of place model[J]. International Journal of Disaster Risk Reduction, 2021, 57: 102152.

[183] AKSHA S K, EMRICH C T. Benchmarking community disaster resilience in Nepal [J]. International Journal of Environmental Research and Public Health, 2020, 17(6): 1985.

[184] SUNG C H, LIAW S C. A GIS approach to analyzing the spatial pattern of baseline resilience indicators for community (BRIC)[J]. Water, 2020, 12 (5): 1401.

[185] PARSONS M, REEVE I, MCGREGOR J, et al. Disaster resilience in Australia: A geographic assessment using an index of coping and adaptive capacity [J]. International Journal of Disaster Risk Reduction, 2021, 62: 102422.

[186] MICANGELI A, ESPOSTO S. Post-earthquake rehabilitation of the rural water systems in Kashmir's Jehlum Valley[J]. Disasters, 2010, 34 (3) : 684-694.

[187] WOERSCHING J C, SNYDER A E. Earthquakes in El Salvador: A descriptive study of health concerns in a rural community and the clinical implications: Part II [J]. Disaster Management & Response: DMR: an Official Publication of the Emergency Nurses Association, 2004, 2(1): 10-13.

[188] WOERSCHING J C, SNYDER A E. Earthquakes in El Salvador: A descriptive study of health concerns in a rural community and the clinical implications: Part III: Mental health and psychosocial effects [J]. Disaster Management & Response: DMR: an Official Publication of the Emergency Nurses Association, 2004, 2(2): 40-45.

[189] HUBBARD B, LOCKHART G, GELTING R J, et al. Development of Haiti's rural water, sanitation and hygiene workforce [J]. Journal of Water, Sanitation and Hygiene for Development, 2014, 4(1): 159-163.

[190] STEWART M, GRAHMANN B, FILLMORE A, et al. Rural community disaster preparedness and risk perception in Trujillo, *Peru* [J]. Prehospital and Disaster Medicine, 2017, 32(4): 387-392.

[191] WEBSTER J, SMITH J, SMITH T, et al. Water safety plans in disaster management: Appropriate risk management of water, sanitation and hygiene in the context of rural and peri-urban communities in low-income countries [C]//Risk Management of Water Supply and Sanitation Systems. Dordrecht: Springer, 2009: 145-152.

[192] LIU Z. Discussion on legislation of rural safe drinking water in China [J]. Applied Mechanics and Materials, 2011, 94/95/96: 556-559.

[193] LIU Z H. The macroscopic mechanism for rural safe drinking water [J]. Journal of Theoretical and Applied Information Technology, 2013, 48(1): 221-229.

[194] NAHAR N, HOSSAIN F, HOSSAIN M D. Health and socioeconomic effects of groundwater arsenic contamination in rural Bangladesh: New evidence

from field surveys [J]. Journal of Environmental Health, 2008, 70 (9): 42-47.

[195] DICKSON S E, SCHUSTER-WALLACE C J, NEWTON J J. Water security assessment indicators: The rural context[J]. Water Resources Management, 2016, 30(5): 1567-1604.

[196] LI H X, SMITH C D, COHEN A, et al. Implementation of water safety plans in China: 2004-2018[J]. International Journal of Hygiene and Environmental Health, 2020, 223(1): 106-115.

[197] MASSOUD M A, AL-ABADY A, JURDI M, et al. The challenges of sustainable access to safe drinking water in rural areas of developing countries: Case of Zawtar El-Charkieh, Southern Lebanon [J]. Journal of Environmental Health, 2010, 72(10): 24-30.

[198] KOT M, CASTLEDEN H, GAGNON G A. Unintended consequences of regulating drinking water in rural Canadian communities: Examples from Atlantic Canada[J]. Health & Place, 2011, 17(5): 1030-1037.

[199] ZHOU F, ZHANG W S, SU W C, et al. Spatial differentiation and driving mechanism of rural water security in typical "engineering water depletion" of Karst mountainous area-a lesson of Guizhou, China [J]. The Science of the Total Environment, 2021, 793: 148387.

[200] BIRKMANN J. Measuring vulnerability to natural hazards: towards disaster resilient societies[M]. Tokyo: United Nations University, 2006.

[201] 李文腾. 农村环境污染控制及对策研究: 基于农户家庭排污角度[D]. 杭州: 浙江大学, 2017.

[202] 刘煜东. 农村生活垃圾处理财税政策研究[D]. 北京: 财政部财政科学研究所, 2014.

[203] 张晗, 吕占禄, 张金良, 等. 农村地区浅层地下水、沟塘水及沉积物中PAHs的污染特征及风险评价[J]. 环境化学, 2021, 40(10): 3100-3111.

[204] MORLEY K M. Evaluating resilience in the water sector: Application of the

utility resilience index[D]. George Mason University. 2012.

[205] 李德智, 吴洁, 崔鹏. 城市社区复合生态系统适灾弹性的评价指标体系研究[J]. 建筑经济, 2018, 39(5): 92-96.

[206] SWEYA L N, WILKINSON S, CHANG-RICHARD A. Understanding water systems resilience problems in Tanzania [J]. Procedia Engineering, 2018, 212: 488-495.

[207] LEE A V, VARGO J, SEVILLE E. Developing a tool to measure and compare organizations' resilience[J]. Natural Hazards Review, 2013, 14(1): 29-41.

[208] ZHANG X T, TANG W Z, HUANG Y L, et al. Understanding the causes of vulnerabilities for enhancing social-physical resilience: Lessons from the Wenchuan earthquake [M]//Earthquake Disasters. London: Routledge, 2021: 24-41.

[209] SRIVASTAVA H N, GUPTA G D. Disaster mitigation vis-á-vis time of occurrence and magnitude of earthquakes in India [J]. Natural Hazards, 2004, 31(2): 343-356.

[210] VAHANVATI M. A novel framework for owner driven reconstruction projects to enhance disaster resilience in the long term[J]. Disaster Prevention and Management, 2018, 27(4): 421-446.

[211] KARUNASENA G, RAMEEZDEEN R. Post-disaster housing reconstruction [J]. International Journal of Disaster Resilience in the Built Environment, 2010, 1(2): 173-191.

[212] 四川在线, 四川省农村供水责任人及千人至万人集中供水工程管理责任人名单公示[EB/OL]. (2019-07-10)[2004-03-01.]https://news.scol.com.cn/gdxw/201907/57014392.html.

[213] KISH L. Survey sampling[M]. New York: J. Wiley, 1965.

[214] LI G H, CHEN C, ZHANG G M, et al. Bid/no-bid decision factors for Chinese international contractors in international construction projects [J].

Engineering, Construction and Architectural Management, 2019, 27 (7): 1619-1643.

[215] AHADZIE D K, PROVERBS D G, OLOMOLAIYE P O. Critical success criteria for mass house building projects in developing countries [J]. International Journal of Project Management, 2008, 26(6): 675-687.

[216] IKEDIASHI D I, OGUNLANA S O, BOATENG P, et al. Analysis of risks associated with facilities management outsourcing [J]. Journal of Facilities Management, 2012, 10(4): 301-316.

[217] PALLANT J. SPSS Survival Manual: A step by step guide to data analysis using SPSS for Windows[M]. Open Univ. Press. UK: Allen and Unwin, 2009.

[218] NUNNALLY J C, BERNSTEIN I H. Psychometric theory [M]. Array New York: McGraw-Hill, 1994.

[219] 王国锋. 危机情境下团队领导力的前因及其影响研究[D]. 成都: 电子科技大学, 2009.

[220] FARAZMAND A. Learning from the katrina crisis: A global and international perspective with implications for future crisis management [J]. Public Administration Review, 2007, 67(s1): 149-159.

[221] LIN Y W, KELEMEN M, KIYOMIYA T. The role of community leadership in disaster recovery projects: Tsunami lessons from Japan[J]. International Journal of Project Management, 2017, 35(5): 913-924.

[222] 张欢, 吴峰. 巨灾下乡村基层领导力研究[J]. 四川大学学报(哲学社会科学版), 2011(2): 99-104.

[223] LI Y Z, GAO J L, ZHANG H Y, et al. Reliability assessment model of water distribution networks against fire following earthquake (FFE) [J]. Water, 2019, 11(12): 2536.

[224] 环境保护部. 《地震灾区饮用水安全保障应急技术方案(暂行)》[EB/OL]. [2008-05-21]. http://www. gov. cn/gzdt/2008/05/21/content_985738. htm, 2008.

［225］WEDGWORTH J C, BROWN J, JOHNSON P, et al. Associations between perceptions of drinking water service delivery and measured drinking water quality in rural Alabama［J］. International Journal of Environmental Research and Public Health, 2014, 11(7): 7376-7392.

［226］KARUNASENA G, RAMEEZDEEN R. Post-disaster housing reconstruction ［J］. International Journal of Disaster Resilience in the Built Environment, 2010, 1(2): 173-191.

［227］刘铁. 论对口支援长效机制的建立: 以汶川地震灾后重建对口支援模式演变为视角［J］. 西南民族大学学报(人文社科版), 2010, 31(6): 98-101.

［228］IFRC, World Disasters Report 2004-From Risk to Resilience-Helping Communities Cope with Crisis［R］. International Federation of Red Cross & Red Crescent Societies (IFRC), Geneva, 2004.

［229］UN-Habitat, UNHCR and IFRC 2012. Shelter Projects (2012)［Z］, UN-Habitat, UNHCR and The International Federation of Red Cross and Red Crescent Societies, Fukuoka and Geneva, 2013.

［230］JHA A K, DUYNE J E. Safer homes, stronger communities: a handbook for reconstructing after natural disasters［M］. Washington, DC: World Bank, 2010.

［231］Resilient Organisations. What is organisational resilience?［EB/OL］. (2012-01-01)［2024-03-01］. https://www. resorgs. org. nz/about-resorgs/what-is-organisational-resilience/.

［232］TABACHNICK B G. FIDELL L S. Using multivariate statistics［M］. 6th ed. Boston: Pearson Education, 2012.

［233］COOK A D B, SHRESTHA M, HTET Z B. An assessment of international emergency disaster response to the 2015 Nepal earthquakes［J］. International Journal of Disaster Risk Reduction, 2018, 31: 535-547.

［234］SUNG C H, LIAW S C. Using spatial pattern analysis to explore the relationship between vulnerability and resilience to natural hazards［J］.

International Journal of Environmental Research and Public Health, 2021, 18(11): 5634.

[235] CAVALLO E, GALIANI S, NOY I, et al. Catastrophic natural disasters and economic growth[J]. The Review of Economics and Statistics, 2013, 95(5): 1549-1561.

[236] 邹福肇. 中华人民共和国防震减灾法释义[M]. 北京: 法律出版社, 1998.

[237] 汤泉. 防震减灾法律教程[M]. 北京: 中国法制出版社, 1998.

[238] 高孟潭. 新的国家地震区划图[J]. 地震学报, 2003, 25(6): 630-636.

[239] 吴健. 科学确定设防要求筑牢地震灾害风险防范基础: 发布实施 GB 18306《中国地震动参数区划图》4 周年的回顾与展望[J]. 防灾博览, 2020 (3): 16-18.

[240] VUGRIN E D, WARREN D E, EHLEN M A, et al. A framework for assessing the resilience of infrastructure and economic systems [M]// GOPALAKRISHNAN K, PEETA S. Sustainable and Resilient Critical Infrastructure Systems. Berlin, Heidelberg: Springer, 2010: 77-116.

[241] HUGHES M W, NAYYERLOO M, BELLAGAMBA X, et al. Impacts of the 14th November 2016 Kaikōura earthquake on three waters systems in Wellington, Marlborough and Kaikōura, New Zealand[J]. Bulletin of the New Zealand Society for Earthquake Engineering, 2017, 50(2): 306-317.

[242] 汶川县人民政府官网. 汶川县成为全国首个实现多灾种预警服务体系县 [EB/OL]. (2021-08-21) [2024-03-01]. http://www. wenchuan. gov. cn/ wcxrmzf/c100089/202109/55841bdf4f834cf188d2023d057515e7.shtml.

[243] BENTLER P M, CHOU C P. Practical issues in structural modeling[J]. Sociological Methods & Research, 1987, 16(1): 78-117.

[244] HAIR J F, HULT G T M, RINGLE C M, et al. A primer on partial least squares structural equation modeling (PLS-SEM)[M]. 2th ed. Thousand Oaks: Sage Publications, 2016.

[245] COHEN J. A power primer[J]. Psychological Bulletin, 1992, 112 (1):

155-159.

[246] MOJTAHEDI M, OO B L. The impact of stakeholder attributes on performance of disaster recovery projects: The case of transport infrastructure [J]. International Journal of Project Management, 2017, 35(5): 841-852.

[247] HULLAND J. Use of partial least squares (PLS) in strategic management research: A review of four recent studies[J]. Strategic Management Journal, 1999, 20(2): 195-204.

[248] HAIR J F, BLACK W C, BABIN B J, et al. Multivariate data analysis [M].8th ed. Boston: Cengage, 2019.

[249] CARMINES E G, ZELLER R A. Reliability and validity assessment [M]. Beverly Hills, California.: Sage Publications, 1979.

[250] CHURCHILL G A Jr. A paradigm for developing better measures of marketing constructs[J]. Journal of Marketing Research, 1979, 16(1): 64-73.

[251] HAIR J F, SARSTEDT M, HOPKINS L, et al. Partial least squares structural equation modeling (PLS-SEM) [J]. European Business Review, 2014, 26(2): 106-121.

[252] FORNELL C, LARCKER D F. Evaluating structural equation models with unobservable variables and measurement error [J]. Journal of Marketing Research, 1981, 18(1): 39-50.

[253] HAIR J, HULT G T M, RINGLE C, SARSTEDT M. A primer on partial least squares structural equation modeling (PLS-SEM) [M]. SAGE Publications, Incorporated, 2014.

[254] Freudenberg Michael. Composite Indicators of Country Performance: A Critical Assessment [Z]. OECD Science, Technology and Industry Working Papers, No. 2003/16, Paris, France: OECD Publishing. 2003.

[255] OECD Organisation for Economic Co-operation and Development. Handbook on Constructing Composite Indicators: Methodology and User Guide [M]. Paris: OECD Publishing, 2008.

[256] OECD Organisation for Economic Co-operation and Development. Handbook on Constructing Composite Indicators: Methodology and User Guide [M]. Paris: OECD Publishing, 2008.

[257] BRIGUGLIO L. Small island developing states and their economic vulnerabilities[J]. World Development, 1995, 23(9): 1615-1632.

[258] EASTER C. Small states development: A commonwealth vulnerability index [J]. The Round Table, 1999, 88(351): 403-422.

[259] Millennium Challenge Corporation. Selection Indicators[EB/OL]. [2024-04-01].

[260] NEUMAYER E. The human development index and sustainability—a constructive proposal[J]. Ecological Economics, 2001, 39(1): 101-114.

[261] PRESCOTT-ALLEN R. The wellbeing of nations: a country-by-country index of quality of life and the environment[M]. Washington [D.C.]: Island Press, 2001.

[262] CUTTER S L, BORUFF B J, SHIRLEY W L. Social vulnerability to environmental hazards* [J]. Social Science Quarterly, 2003, 84 (2): 242-261.

[263] CARDONA O. Indicators of Disaster Risk and Risk Management [R]. Washington D.C.: Inter-American Development Bank, 2005.

[264] KATHARINE V. Creating an index of social vulnerability to climate change for Africa [Z]. Tyndall Centre for Climate Change Research and School of Environmental Sciences, University of East Anglia, 2004.

[265] United Nations Development Programme (UNDP). Reducing Disaster Risk: A Challenge for Development[M]. New York: John S. Swift Co, 2004.

[266] ADGER W N, BROOKS N, BENTHAM G, et al. New Indicators of Vulnerability and Adaptive Capacity [R]. Norwich, UK: Tyndall Centre for Climate Change Research, 2004.

[267] BIRKMANN J. Risk and vulnerability indicators at different scales: Applicability, usefulness and policy implications [J]. Environmental

Hazards, 2007, 7(1): 20-31.

[268] BIRKMANN J, WELLE T, KRAUSE D, et al. World Risk Index: Concept and results[R]. Berlin: Alliance Development Works, 2011.

[269] Schaub Yvonne, Haeberli Wilfried, Huggel Christian, Künzler Matthias, Bründl Michael. "Landslides and new lakes in deglaciating areas: A risk management framework." In Landslide science and practice [M]. Berlin: Springer, 2013.

[270] BIRKMANN J. "Indicators and criteria for measuring vulnerability: Theoretical bases and requirements." In Measuring vulnerability to promote disaster-resilient societies: Conceptual frameworks and definitions [M]. Tokyo: United Nations University Press, 2006.

[271] HAIDER H, SADIQ R, TESFAMARIAM S. Performance indicators for small- and medium-sized water supply systems: A review[J]. Environmental Reviews, 2014, 22(1): 1-40.

[272] VILANOVA M R N, MAGALHÃES FILHO P, BALESTIERI J A P. Performance measurement and indicators for water supply management: Review and international cases [J]. Renewable and Sustainable Energy Reviews, 2015, 43: 1-12.

[273] DWIVEDI A K, BHADAURIA S S. Composite sustainable management index for rural water supply systems using the analytical hierarchy process [J]. Journal of Performance of Constructed Facilities, 2014, 28 (3): 608-617.

[274] MARQUES R C, DA CRUZ N F, PIRES J. Measuring the sustainability of urban water services [J]. Environmental Science & Policy, 2015, 54: 142-151.

[275] 罗庆. 农村地区居民饮水安全综合研究[D]. 北京: 中国疾病预防控制中心, 2019.

[276] 杜栋, 庞庆华. 现代综合评价方法与案例精选[M]. 北京: 清华大学出版

社, 2005.

[277] 彼得·德鲁克. 管理的实践: 中英文双语珍藏版[M]. 齐若兰, 译. 北京: 机械工业出版社, 2009.

[278] BRIGUGLIO L. Methodological and practical considerations for constructing socio-economic indicators to evaluate disaster risk[Z]. Manizales, Colombia: BID/IDEA Programa De Indicadores Para La Gesti' on De Riesgos, Universidad Nacional De Colombia, 2003.

[279] HAHN H. "Indicators and other instruments for local risk management for communities and local governments." In Local risk management for communities and local governments [M]. Eschborn, Germany: German Technical Cooperation Agency, 2003.

[280] CHEN Y, LIANG L, ZHU J. Equivalence in two-stage DEA approaches[J]. European Journal of Operational Research, 2009, 193(2): 600-604.

[281] 刘思峰, 蔡华, 杨英杰, 等. 灰色关联分析模型研究进展[J]. 系统工程理论与实践, 2013, 33(8): 2041-2046.

[282] DEMPSTER A P. Upper and lower probabilities induced by a multivalued mapping[J]. The Annals of Mathematical Statistics, 1967, 38(2): 325-339.

[283] SHAFER G. A mathematical theory of evidence [M]. Princeton, NJ: Princeton University Press, 1976.

[284] FINE T. Review: Glenn Shafer, A mathematical theory of evidence [J]. Bulletin of the American Mathematical Society, 1977, 83: 667-672.

[285] MURPHY C K. Combining belief functions when evidence conflicts [J]. Decision Support Systems, 2000, 29(1): 1-9.

[286] YANG J B, XU D L. On the evidential reasoning algorithm for multiple attribute decision analysis under uncertainty [J]. IEEE Transactions on Systems, Man, and Cybernetics - Part A: Systems and Humans, 2002, 32 (3): 289-304.

[287] CAO X H, LAM J S L. A fast reaction-based port vulnerability assessment:

Case of Tianjin Port explosion[J]. Transportation Research Part A：Policy and Practice，2019，128：11-33.

[288] POO M C P，YANG Z L，DIMITRIU D，et al. Climate change risk indicators （CCRI） for seaports in the United Kingdom [J]. Ocean & Coastal Management，2021，205：105580.

[289] SEN M K，DUTTA S，KABIR G. Development of flood resilience framework for housing infrastructure system：Integration of best-worst method with evidence theory[J]. Journal of Cleaner Production，2021，290：125197.

[290] WANG T N，QU Z H，YANG Z L，et al. How can the UK road system be adapted to the impacts posed by climate change? By creating a climate adaptation framework [J]. Transportation Research Part D：Transport and Environment，2019，77：403-424.

[291] KARAMOUZ M，HOJJAT-ANSARI A. Uncertainty based budget allocation of wastewater infrastructures' flood resiliency considering interdependencies [J]. Journal of Hydroinformatics，2020，22（4）：768-792.

[293] XU H S，MA C，LIAN J J，et al. Urban flooding risk assessment based on an integrated k-means cluster algorithm and improved entropy weight method in the region of Haikou，China[J]. Journal of Hydrology，2018，563：975-986.

[293] TIAN Z P，WANG J Q，ZHANG H Y. An integrated approach for failure mode and effects analysis based on fuzzy best-worst，relative entropy，and VIKOR methods[J]. Applied Soft Computing，2018，72：636-646.

[294] 金菊良，吴开亚，李如忠，等.信息熵与改进模糊层次分析法耦合的区域水安全评价模型[J].水力发电学报，2007，26（6）：61-66.

[295] 徐佳，冯平，王琪，等.基于SWOT-AHP模型的农村饮水安全发展环境分析与战略选择[J].水利水电技术，2015，46（4）：30-34.

[296] 张德彬，刘国东，王亮，等.基于博弈论组合赋权的TOPSIS模型在地下水水质评价中的应用[J].长江科学院院报，2018，35（7）：46-50.

[297] 锁斌.基于证据理论的不确定性量化方法及其在可靠性工程中的应用研

究[D].绵阳：中国工程物理研究院，2012.

[298] Chen xiao-ping. Empirical Methods in organization and management research [M]. 2nd ed. Beijing: Beking Unistiy，2012:99-110.

[299] 蒋艳君，谢悦波，黄旻．基于改进 TOPSIS 法的水质监测断面优化研究 [J].南水北调与水利科技，2016，14(5)：78-82.

[300] 任静，李志强，李晓丽，等.2019年6月17日四川长宁 MS6.0 地震灾害损失快速评估精准性分析[J].地震地磁观测与研究，2021，42(4)：67-79.

[301] 国家质量监督检验检疫总局，中国国家标准化管理委员会.GB/T 17742—2008中国地震烈度表[S].北京：中国标准出版社，2009.

[302] 国家质量监督检验检疫总局，中国国家标准化管理委员会.中国地震动参数区划图:GB 18306—2015[S].北京：中国标准出版社，2016.

[303] 林功丁.新一代《中国地震动参数区划图》解读及贯标要点[J].福建建筑，2016(9)：1-3.